你是长寿性格吗

寻觅藏在性格与生活哲学里的长寿密码

真面目な人は长生きする

[日] 冈田尊司 著
张婷婷 译

河北科学技术出版社
·石家庄·

著作权合同登记号：冀图登字 03-2021-024

图书在版编目（CIP）数据

你是长寿性格吗 / (日) 冈田尊司著；张婷婷译
. —石家庄：河北科学技术出版社，2021.6
ISBN 978-7-5717-0738-5

Ⅰ. ①你… Ⅱ. ①冈… ②张… Ⅲ. ①性格－关系－长寿－通俗读物 Ⅳ. ①B848.6-49 ② R161.7-49

中国版本图书馆 CIP 数据核字（2021）第 068572 号

你是长寿性格吗
NI SHI CHANGSHOU XINGGE MA
[日] 冈田尊司 著 张婷婷 译

出版发行 河北科学技术出版社
地 址 石家庄市友谊北大街 330 号（邮编：050061）
印 刷 水印书香（唐山）印刷有限公司
经 销 新华书店
开 本 880mm × 1280mm 1/32
印 张 7
字 数 115 千字
版 次 2021 年 6 月第 1 版
2021 年 6 月第 1 次印刷
定 价 49.80 元

前　言

长寿人生的关键是什么？
——一项历经80年的研究成果

健康产业正蓬勃发展，各式各样的保健法受到无数人的推崇、采用，也有很多人服用各种营养补充品或健康食品。然而，实际上几乎没有任何证据可以证明这些方法或食品、药品对于达到长寿又健康的人生是不是有效。

即使这些营养补充品或健康食品被证实有效果，最多也是历经几个月的研究调查，再长一点也只是几年时间。可是，即使在仅仅数星期、数个月的期间里被认定有效果，但要是再稍经长期调查，就知道大部分不仅没有效果，还被认定对延长寿命无效。因为，有时候长期使用反而有害的东西还不少。

甚至一些受过多重严格验证的主流医药品都是如此。一般贩卖的健康辅助食品几乎都只是心理作用的效果，只是安慰作用或是接近“迷信”。

是否真的有效，终极的做法还是要以一辈子的时间进行长期调查。但是现代人平均寿命已达80岁，要进行这样的调查至少也要花上数十年。特别是若要调查孩提时代的环境对寿命的影响，就要花上80年左右。

一个研究者的职业生涯不满半世纪。这当中还包含在基层的时间，经常只能对老板交代的主题进行研究。自己能主导研究的时间最多也不过30年左右吧。而且在获得主导地位的时候，体力也已经开始衰竭，全盛时期已经不长。一年一年加速往退休的日子倒数计时。

由于这样的原因，现实状况下，一个需要半世纪以上才能有结果的研究，即使想出手也出不了手。一项无法仅靠一代的研究者达成的研究，若不是基于相当深谋远虑的计划，并得到国家的支持，便很难达成。悲哀的是，像这样的国家级计划，近年已经没有了。

现在开始的计划就算运气好可以继续下去，要开花结果，也要等半个世纪以后了。

实际上到目前为止，几乎没有这种耗费一生时间进行的长期研究。

不过，也并不是完全没有。也有少见的研究者，曾进行这样宏伟的研究。而且幸运的是，那个研究由一个世代、又再一个世代的研究者接棒持续，以至于得到了惊人的结果。而这个奇迹似的稀有研究，就是由特曼（Terman）与他的继承者傅利曼（Friedman）所进行。

这项研究结果可以说是历经 80 年的金字塔，虽然以多篇论文或书籍公之于世，但成果却没有广为人知。理由之一就是，这个研究成果对于以“健康”或“长寿”为商业种子的医疗与健康产业来说，实在不能说是一件有利的事——人们通常会无视对他们不利的真相。

这项研究解开了一个谜题：左右一个人健康的不是医疗或药品，而是其他的东西。医学有了长足的进步，平均寿命也大为延长，但是大多是因为发现抗生物质，以及卫生条件与营养状态的改善，使婴幼儿的死亡率大幅下降。

然而在将医疗视为必要、并投注了庞大医疗费用的年代，其实平均剩余寿命并没有太大延长。因为日本尝到战后的混乱与营养失调的滋味，因而使人们产生寿命显著延长的错觉；但生活状态因为较不受战争影响的美国，在医学进步最明显的 20 世纪后半叶，这半个世纪内，60 岁的人平均剩余寿命也只不过延长了将近 5 年而已。而这大多都是因为抗生物质的开发或营养状态的改善，使得因感染症造成的死亡减少了。

但是，更重要的，不，应该说，影响寿命的其他因素远远胜过以上因素。如果想要拥有真正健康又幸福的人生，就有必要让更多人知道这个真相。

在这个前提下，选择什么样的生活方式是个人的自由，只要遵从自己的价值观与信念就可以了。然而不明就里，直到人生即将结束之前才后悔，这样的事情我希望能尽量避免。而且明知道事实真相，却隐而不说，那是不对的。

我将这个经过 80 年稀有的研究结果，特别是精神医学上的见解都放进这本书里。而我也希望大家去思考这个令人惊讶的真相到底告诉我们什么。我们也要从这里去解开，对于长寿且幸福的人生来说，什么才是重要的因素；为了得到长寿又幸福的人生，我们需要的是什么。这件事不仅仅是长寿或健康的问题，也能映照出人类存在的本质。

目　录

序　章 | 幸福长寿的条件

第一章 | 长寿性格诊断

第二章 | 缩短寿命的性格

第三章 | 悲剧性思考

第四章 | 父母的缺席

第五章 | 运动与饮食，真的有益吗

第六章 | 婚姻与寿命的关系

第七章 | 成功与否对寿命有影响吗

第八章 | 社会的牵绊

第九章 | 精神压力与创伤

结 语

序　章　0

幸福长寿的条件

影响长寿的人与短命的人之间的差别，如果有，

除了遗传因素以外的原因，那会是什么呢？

源起——关于孩子天赋能力的研究计划

起初完全是从别的想法开始的。时间回溯到20世纪10年代，一个叫作刘易斯·特曼的美国心理学家，对于孩童的能力发展很有兴趣。特曼原本学教育学，在28岁取得学位之后，当了小学校长。孩子们的能力是因何而定，而之后又是如何发展，他对这件事很有兴趣，于是在美国引进了最早的智力检查，开始调查孩子们的能力。

特曼原本认为孩子们的才能很大部分是由于遗传基因的恩赐，是属于天赋，但是他发现，这些天赋能不能发挥则受到环境因素很大的影响。在什么样的环境中成长，才能让孩子把与生俱来的能力发展到最大极限？为了解开这个疑问，特曼开始长期性的研究，搜集孩子们的信息。

特曼受到当时时代影响，很重视遗传因素。后来他倾向于优生学，虽然也受到后世的批判，但他同时也是一个严格的学者，并不会排除与自己信念矛盾的数据，持续性地搜集所有的数据。

特曼的长期研究在第一次世界大战结束后的 1920 年开始。特曼从住在加州 10 岁左右的孩子们里选出智力较高的约 1500 人，展开与本人、监护人、老师的面谈调查。然后搜集有关生育经历、教养、生活环境、健康状态等各式各样的信息。调查经过长时间反复进行，包括调查孩子们成长后的状态。

像这样追踪调查活在同一时代的特定群组的调查方法，称为“世代研究”，在证明事物的因果关系上是最有效的方法。这些被选上的 1500 多位参加者，就称为群体，在统计学上是具有特别意义的群体。

特曼的疑问在某个意义上已得到证明。因为在这个群体当中，产生许多成功者与活跃于社会中的人物。其中有企业家、科学家、律师、医师、剧作家、演员等，出了不少知名人物。然而，也不全然都是成功者或活跃的人物。即使拥有天赐的才能，还是有很多人无法适当地发挥出来。

特曼当初期待的，是这些在儿童期被测出有才能的孩子们，是否就能预测他们将来的成功或社会适应性、幸福与否——然而事情并没有这么单纯。

而在特曼开始进行研究的时候，年纪也已经四十好几。

他在 1956 年，79 岁时去世，这个研究虽然持续了三十几年，但仍只做到一半，要做到显示出远远超出他预测的结论为止，还需要花上将近半个世纪才行。特曼甚至还不知道研究结果就去世。而他的研究，大家也认为应该就被埋没在书库的一隅罢了。

延续——长寿研究

在特曼去世后，他的研究被继承了一段时间，但是后来就被遗忘了。因为当过美国心理学会会长的特曼，有一段时间由于支持优生学而被认为是人种改造论者，受到后世的批判，其研究的价值也因而被贬抑。

在特曼去世 30 多年后，在加州，霍华德·傅利曼教授与他的研究生开始研究起有关长寿的因素。

然而，这个问题与太多因素有关，而且，如果要证明的话，就必须花上许多时间与费用，直到能够得出结论为止。别说研究费，就连生命都会被耗尽。有没有什么方法可以节省时间，又能同时正确调查多种因素的影响呢?

有一天，傅利曼听说同事使用斯坦福大学保管的数据在做研究。那份数据就是用了1500多人的样本，经过30年以上长期间详细搜集的资料。那便是特曼留下的世代研究。然而这个长期研究中断了，因此欠缺后来的资料。如此一来就不能说跟长寿有关。但是，傅利曼并不灰心。他相信“这个数据可以用”。

只要调查当年成为样本的人们后来的健康状态或死亡率、死亡原因，一定能够明白他们与这30年间累积的数据之间的因果关系。如果只需要调查他们后来的健康状态或死亡率、死亡原因，应该不需要花那么多时间也不会太费工夫。

实际上看了资料后，发现那些东西详细且彻底到令人惊讶的地步。

特曼开始调查时，当时年仅10岁的孩子们，现在都70岁了。也有不少人已经去世。面临死亡率急速上升的阶段，这一点对傅利曼来说，也正好是一个“好时机”。顺利的话，也许半年或一年内研究就可以结束了。

傅利曼的想法，某个部分是猜对了，但某个部分猜错了。通过特曼的研究，确实节省了庞大的工夫与时间，这一点并没有错。但是“研究可以在短时间内结束”却错了。他们在30多年后继承了特曼的资料，越调查就越能从中产生丰硕的成果，就像是世上都还未曾有人得到过的智慧宝藏似的。

接着傅利曼的世代，有更年轻世代的研究者也陆续参与，将研究扩大。于是，时到今日仍在持续扩大进行中。

开展——揭开影响寿命的真正秘密

就这样，傅利曼等人对与长寿相关因素的研究，比过去任何研究都还要正确而且深入。虽说中间有将近 30 年的空缺，但是横跨 80 年，1500 人的规模，还备有极其详尽的资料，这样的研究更是空前绝后。

但是，此时浮现了一个疑问。那就是为什么我们会以“长寿”作为问题。健康、生活质量或是生存价值、精神上满足的人生，“质量”不是应该更重要吗？只把寿命的“长度”拿来讨论，会不会遗漏或是轻视更重要的因素呢？

或许你会涌现一个疑问：长寿真的是那么好的事情吗？特别是今日已进入高龄化社会，长寿反而会持续增加社会的负担，这个问题已经不能放任。虽然长寿，但是无依无靠必须孤独而死的状况也已不少见。

另一方面，因为感觉不到活着的喜悦，想早点死的年轻人也不少。觉得自己被生下来像是诅咒，故意伤害自己健康的身体，主动放弃生存的人也不在少数。对这样的人来说，长寿或许就像是酷刑似的，只是让他们受到的痛苦延长而已。

但是相反的，若能为长寿感到喜悦，也可以说是一种很健全、幸福的状态吧。以长寿为乐的社会或许才能说是幸福的社会。要什么样的条件才能长寿或是才能促进长寿？了解这些事情，在思考幸福的人生或社会时，肯定是很有用的。

而实际上傅利曼等人的研究解开的问题之一就是，如果真正的幸福，不是在于安乐或是舒适，而是在于生存的价值与工作的价值上，那么就意味着幸福的人就会长寿，长寿的人才会幸福。也就是说，了解使人长寿的条件，就等于了解一个人在真正意义上幸福生存的条件。

傅利曼等人选择长寿作为指标，还有另一个理由。一个人有多幸福、多健康、过着多么充实的人生，这种事情有时候要看心情与所处的状况，答案可以有很多种，相当暧昧，也是缺乏可信度的指标。

爱面子的人，即使不怎么幸福，或许也会强调自己很幸福。负面思考较严重的人，就会觉得自己比任何人都不幸，或许会告诉你他只能过着如此无趣的人生。觉得自己是否健康，会受到本人的主观意识影响。

这样的调查做得再多，也无法接近真相。然而寿命或是死亡率、死因或是晚年状况，很难主观认定，而是重大的事实。无论你想要走上什么样的人生，必然会来临的死亡，最终将会论定一个人的人生。就算是走上大家都认为很成功的人生，也有人在很年轻时就自杀，也有些人历经辛苦后得以健康的身体迎接晚年。什么时候以什么方式死亡，是一个人几十年人生的总决算，不论你愿不愿意，都会呈现出无法掩盖的真实状态。傅利曼等人之所以选择寿命或死亡率、死亡原因为指标，理由就在此。

但姑且不论理由或意图，寿命或死亡率这种不可动摇的客观数字，与特曼搜集的样本数据结合在一起时，陆续发现了一些超出预期，而且意料之外的事实。

影响长寿的人与短命的人之间的差别，如果有，除了遗传因素以外的原因，那会是什么呢？因癌症或心脏病死去的人、因意外事故死去的人、自己结束生命的人，他们迎接生命最后的方式，真的只能单纯用遗传性体质或生活习惯的差别来说明吗？还是有更加重要的其他相关因素呢？

在说明这些之前，我先谈谈从特曼到傅利曼研究的特殊性与极限性吧。

深入探索——横跨80年的研究拥有的特殊意义

特曼选出的1500多个孩子，并不是住在特定区域里的一般儿童，也不是随机抽出的样本，而是以智力优秀这个条件为基准选出来的“特别的”孩子们。坦白说，就是选班上最优秀的精英或是优等生为对象而做的调查。以这样特殊的团体为对象调查出来的结果，究竟能不能套用到一般的人口上？会产生这点疑问是必然的。

傅利曼等人当然也很清楚这样的“缺陷”。他们投注许多时间与精力去验证，由这里导出的结论与以一般人口为对象的其他调查结果有多少程度的一致性。希望借此能作为旁证，这是只能套用在特殊精英的事实，还是可套用一般人口的普遍事实？

如果说到研究结论的普遍性，带来限制的除了样本的智力程度，还有其他各种制约。本来就是历经80年的调查，调查对象都生于1910年左右，所以是关于出生在一个世纪前的世代结论。这是长期研究的宿命，越是长期追踪调查，就能越接近真相，但是同时当你得出结论时，时间已经经过太久，变成只是距离遥远的世代真相了。

况且他们出生长大的地方是美国加州。活在不同年代与不同场所的人们，他们的特性究竟能与完全不同的人种与文化风土有多少相符之处，这一点不禁会让人产生疑问。

针对这一点，傅利曼比较了近年进行的研究以及在其他国家与地区进行的研究结果。

从结论来看，花了80年所得到的结论，可以超越时间与空间的限制，拥有很高的普遍性。以近一个世纪的时间来看，比起社会或文化这种小差异的影响，或许更容易浮现出人类共同普遍的倾向。

例如，以短时间来看，影响死亡率最大的是那个时间点的健康状态。得重病，或是体质虚弱容易生病，在将来死亡的危险性也会升高。然而若以更长的时间轴来看，把暂时性的影响或一时的现象抽出来，持续更久的本质性影响的因子就会浮现出来。

例如，小时候的健康状态或发展，以“一辈子”的长期观点看来，并没有被认定会影响寿命。实际上，完全料想不到其实是有影响的。

而同时这也引导我们走向更深一层的认识或思索。

当然也不需要囫囵吞枣地把所有的结论都认为是事实。这些结论有其时代与样本的特殊性，同时也有其极限。对生存于今时今日的我们，这是不是可以套用在我们身上的真相，只要用自己的心与眼睛去看清楚就好。现在，我们一起出发前往横跨多个领域、充满刺激与新发现的旅程吧！

第一章 1

长寿性格诊断

性格会影响寿命吗?

答案是肯定的。而且，这比是否拥有良好的生活习惯与强壮的体质，对寿命的影响更大。

影响寿命的条件，有各式各样的因素。一个人的性格会影响寿命吗?

答案是肯定的。而且，这比是否拥有良好生活习惯与强壮的体质对寿命影响更大。

请诚实面对自己，填写以下的测验，帮助你了解自己的特性。

长寿性格诊断测验

请选出“最符合小时候的你”的答案。同样的问题，也请以“长大之后的你”来作答。

1. 准备永远不怠惰	2. 东西拿出来后会放着不收拾
（1）非常符合	（1）非常符合
（2）某种程度符合	（2）某种程度符合
（3）两者皆非	（3）两者皆非
（4）不太符合	（4）不太符合
（5）非常不符合	（5）非常不符合

3. 想到冷的东西会真的感觉冷 （1）非常符合 （2）某种程度符合 （3）两者皆非 （4）不太符合 （5）非常不符合	4. 喜欢制订详细的计划 （1）非常符合 （2）某种程度符合 （3）两者皆非 （4）不太符合 （5）非常不符合
5. 所有的东西都很紊乱 （1）非常符合 （2）某种程度符合 （3）两者皆非 （4）不太符合 （5）非常不符合	6. 讨厌的事情会先做完 （1）非常符合 （2）某种程度符合 （3）两者皆非 （4）不太符合 （5）非常不符合
7. 偶尔也有不得不说谎的时候 （1）非常符合 （2）某种程度符合 （3）两者皆非 （4）不太符合 （5）非常不符合	8. 经常忘记把东西归回原位 （1）非常符合 （2）某种程度符合 （3）两者皆非 （4）不太符合 （5）非常不符合

9. 喜欢有秩序 （1）非常符合 （2）某种程度符合 （3）两者皆非 （4）不太符合 （5）非常不符合	10. 对非做不可的事情会偷懒 （1）非常符合 （2）某种程度符合 （3）两者皆非 （4）不太符合 （5）非常不符合
11. 会遵守约定与时间 （1）非常符合 （2）某种程度符合 （3）两者皆非 （4）不太符合 （5）非常不符合	12. 会很坚持要达成目标 （1）非常符合 （2）某种程度符合 （3）两者皆非 （4）不太符合 （5）非常不符合

▲ 计分方法

1、4、6、9、11、12这六个项目，根据所选答案的序号来计分，即（1）计1分，（2）计2分，（3）计3分……求出总分A，再用36去减掉A后得出总分B。

接着2、5、8、10这四个项目也用同样的方法求出总分C，再将总分B与总分C相加，求出长寿性格判定分数。

问题编号	1	4	6	9	11	12	合计A	合计B（36-A）
小孩时的答案								
成人后的答案								

问题编号	2	5	8	10	合计C	长寿性格判定分数（B+C）
小孩时的答案						
成人后的答案						

▲ 判定结果

最高分是50分，最低分是10分。得分37～50

分的人判定为容易长寿的性格。得分25～36分的人，可以说是平均水准。得分10～24分的人则是妨碍长寿的性格。

当然，这是整体的倾向，并不是由这个分数就可以决定你的寿命。在统计学上虽然有意义的相关，但是相关系数只是0.15的轻微相关。

不过，的确也不能说因为只是轻微的相关，就可以小看它。

寿命与遗传因素及各种偶然要素的无数因子相关。在统计学上能被认定是有意义的相关，就是值得诧异的事了。比起充斥在坊间的药品或健康法，这个测验更能证明性格影响了你的寿命。历经80年追踪调查的结果所找出来的这层关系，确实拥有很高的普遍性，这是不可动摇的事实。

小小偏差累积成重大差异

如同我们做任何动作时，都有地心引力将我们往大地吸引一样，性格倾向也不知不觉左右一个人的行动，将他牵引到某个方向。而这个方向有可能就是死亡。通过行动的累积，结果会给寿命带来很大的影响。

在前述的诊断测验中，你可能已经发现第3题与第7题并没有计分。第3题是我们有意安插的无关项目，而第7题则称为测谎量表（Lie Scale），用来看诚实度的题目。

在第7题选了（5）的人表示说谎程度高，希望被看得比实际上的你更好的倾向很强，因此测验表的答案可信度较差，判定时需要打个折扣。而选择（4）的人也有一点这样的倾向。

意外的事实：容易长寿的性格

“朴实”的特性是容易长寿的性格，对此应该有不少人感到意外吧。

实际上傅利曼等人发现跟长寿最相关的性格倾向，一反多数人的预测，不是开朗与社交性，而是慎重、勤勉以及诚恳这样“朴实”的特性。与长寿表现出相关性最强的，是倾向于严肃认真、不怠惰、能自制、值得信赖、谨慎努力的性格。开朗与活泼反而在此表现出负相关。社交性则对寿命没有什么影响。

如果用蚂蚁和蟋蟀的寓言来比喻，能够在冬季生存较久的是蚂蚁。

当然也有其他各种因素彼此相关，并不是仅以一个因素决定是否长寿。拥有活泼开朗性格能够长寿的人也很多。只是，全体平均下来，比起性格是否活泼开朗，谨慎努力与否更能左右你的寿命。

长大成人后的性格有所转变的人并不少见。可以分成从小到大都一以贯之的慎重努力型；或是小时候很谨慎努力，但长大后就不是那样的人；以及从小到大都与勤勉努力无缘的人，这四个族群比较下来，最符合长寿性格的还是从小一直谨慎努力的人。

一直都欠缺慎重努力的人，则显示出寿命较短。中途有所改变的人，就位于中间值。

这是长达 80 年的研究所找到的事实。有些我们以为是偶然的结果，实际上是我们身上具备的特性，而且在不知不觉中产生作用，左右我们的行动，甚至也影响我们的寿命。长期表现出有利的特性则更容易长寿，而相反的情况则可能提高丧失生命的危险性。

所谓“认真的人”

世上总有一股风潮喜欢嘲笑勤勉努力或自我节制。有些人主张追求享受与快乐可以减轻压力，增加喜悦就能够长寿。确实，这样的想法也有重要的一面，但现实中健康又活跃而长寿的人，并不是按照自己欲望去追求享受、任性而为的人，而是每天勤勉完成自己该做的事情，对欲望的满足拿捏恰到好处，并且能够充分自我克制。嘲笑节制或勤勉、认真的人，最后也会抱着衰老生病的肉体，慨叹自己混久了终归要还的。俭约、专门收拾善后的性格特性，对长寿有正面的作用。不考虑后果随意贷款借钱，这样的性格对长寿则有负面的影响。

朝着目标脚踏实地的努力，虽然会增加压力，且经常被误解会对身体或心理健康有负面影响，但实际上的结果却显示出，为达成目标努力不懈的人，不只会达成一切事物，还能健康又长寿。

特别是这样的性格差异会在人生遇到逆境时发挥作用。

如果人生是成功的，性格与否并不会为你的寿命带来太多影响，欠缺节制或谨慎的人，也不会因此缩短寿命。

然而在人生不顺遂的时候，就会出现非常明显的差别了。

适用于年轻世代的研究结果

特曼的研究是以1910年左右出生的世代为研究对象。他们大多是中产阶级出身且智力优秀的人。如同先前所述，在他们身上找出的倾向能否套用在其他世代或背景不同的人们身上，一直是个疑问。

傅利曼等人也很清楚这一点，为了确定此研究拥有多少程度的普遍性，他们采用其他研究者所做的其他样本研究进行整合分析。

所谓整合分析，由于能够搜集到更多的数据，可以排除单一研究容易产生的偏差，对于得到更高的普遍性结果很有帮助。困难点就在各个数据的研究方法与质量并不平均，要加总之后得出平均，多少会有点勉强。

把20个研究整合分析后得到的结果，拥有谨慎、责任感、自制力这些性格的人，无论在哪个年代死亡率都很低。这个倾向，无论在年轻世代、中年人，或是老年人身上都符合。

与长寿相关的性格

傅利曼把慎重勤勉、责任感强、诚实的性格用严谨自律性（Conscientiousness）的用语来表现。严谨自律性是从良心、道德心（Conscience）衍生出来的，本来的意义是指“有良心的事”，但是在心理学的世界里，这是被用来表现性格特性的专业用语。通常被译为勤勉性、自律性等。

被称为“五大人格特质模型（Big Five）”的人格理论，主要是把外向性、和善性、勤勉性、神经质、开放性这五个因素抽出，用各个因素的强弱组合来说明人格。

就长寿的条件来说，五个因素之一的勤勉性，是被认为与长寿的关系最强的。勤勉性通过其他研究来看，也跟健康状态或死亡率有关，勤勉性高的人较为健康，也证明死亡风险会下降。勤勉又诚恳这种所谓的“好人”会健康又长寿。

不止是长寿，要说到超过百岁仍在社会上活跃的代表人物，就是日野原重明[1]先生了吧。日野原先生拥有惊人的勤勉性。

1　日野原重明，日本百岁国宝名医，东京圣路加国际医院（St. Luke's International Hospital）名誉院长，于2017年逝世，享寿105岁。

日野原先生年轻时不是一个特别强健的人，曾罹患急性肾炎与结核，差点断了当医生的念头。但是，他勤勉又诚恳的生活方式，是一个有信念又努力的人，这一点是谁也无法企及的。据说他到了 90 岁仍持续工作，每天睡眠 4 小时，每周有一天熬夜通宵。直到过了 90 岁才真的无法再熬夜，睡眠时间改为 5 小时，即便如此也仅有 5 小时。以他的生活状况来说，说明了并不是睡得充足、过得悠闲，才能够长寿。

长寿性格不可欠缺的要素：依附稳定性

勤勉性里包含几个要素。一个是谨慎或周到，对危险或失败很小心。另一个是节制严谨的自我控制。还有尊重传统，以及会善加管理且爱好秩序（保持现状）的习惯。

自我控制与维持现状都是能避开危险的方法。另一方面则是为了保有秩序而自我控制。只是，秩序经常会与他人有关，光靠自制无法达成时，就可能为此产生挫折感。

因此，勤勉性、诚实性高的人所承受的痛苦或压力，大多都不是因为自己本身，而是来自周围的人。由于他们爱好秩序，对于身边随便又不负责任懒惰的人，经常会觉得烦躁。

能不能处理好这些压力，将会影响这类型的人对社会的适应性与健康的状况。当拥有勤勉、诚恳、爱好秩序的性格，对他人也能保有某种程度的宽容或柔软度，在具备体贴心的情况下，就可以避开因为与周围人摩擦造成的疲累。然而爱好秩序的倾向，要是过于顽固严格，失去温暖与体贴，就会增强与身边人的摩擦，使自己与周围的人都精疲力竭。

所以，即使同样具备勤勉性，怀有宽容与体贴的心，或是独善其身的严格性，将会是长寿命运的分歧点。但左右这一点的究竟是什么？

在人格五大特质理论中，其中之一是开放性（Openness）。开放性并不是指具有社交性或是外向，而是可以包容一切的宽大心胸。宽容就很接近这个开放性的特性。在近年的研究中，开放性在保护身心和远离疾病上，被视为一种防御因子，例如开放性高的人就会减低心脏疾病的风险。

但是在特曼-傅利曼的研究中，开放性并没有被认为与寿命有太大相关。

难道没有能更准确点出问题本质的指标吗？

其实，答案也在近年的研究中逐渐明白，那就是依附的稳定性。这是过去的性格理论中没有的概念，也不包含在先前所说的五大特质理论里。傅利曼等人的研究，由于是以传统的五大特质理论为基础，因此他们的研究里没有包含这个观点。所以傅利曼等人的研究竟意外地成为“依附稳定性”对长寿而言可能是重要因子的证明。

为什么认真的人会长寿

“认真”的人会长寿这个意外的事实，傅利曼等人也对此进行了分析。为什么认真的人会容易长寿呢？

可以想到的第一个理由就是，认真的人不会怠惰于保持健康，也会尽量避免做有害又危险的事。实际上，认真的人吸烟率低、也较少过量饮酒。不会随意服用药物，也不会驾驶不当。开车的时候会系好安全带，小心注意地安全驾驶。定期接受健诊，也会认真听取医生的建议。正因为如此，吸烟或酒精等各种生活习惯所引发疾病的风险就会降低。包含因不注意而导致的意外死亡率也会降低。

第二个理由是，认真的人可能本身就拥有不容易生病的遗传因素。虽然明确的因果关系还没有解开，但若依据傅利曼等人的分析，屏除因养生而降低因生活习惯所引发的疾病，或是因慎重的性格减少意外死亡的影响，仍然能看出性格认真谨慎的人有不易罹患其他疾病的倾向。在这类型的人身上，因各种原因造成的死亡率普遍都非常低，这个结果在其他研究上也已得到多数确认。

傅利曼等人以这样的遗传特性推测出“血清素”的影响。血清素是脑内的一种传达物质，已知血清素的作用弱时，人就容易冲动。此外，血清素的功能低落也与焦虑和抑郁有关。可以成功控制冲动的人，代表血清素系统的功能良好，不容易做出危险或耽溺的举止，不仅能够避开危险，压力与不安的平均水平也会降低，可以合理推测他们不容易生病。

只是事情没有这么单纯，在这一点上似乎还有各种异议。例如，节制或是谨慎的倾向，很多时候反而会与焦虑有关。因为焦虑感强烈所以慎重行动，以避开有害的东西，这一点我们也承认的确如此。所以问题是，就算同样拥有焦虑的感觉，有些人会往避开危险的方向行动，也有些人会为了排解不安反而沉溺于更危险的行为之中。

大多数上瘾依赖的行为，都有暂时缓和不安的作用。当然，那不过都是短暂的效果而已，之后会更加沮丧，陷入自我厌恶的情绪中，长期下来并不会减少不安或压力。

即便同样带着不安或压力，有人能够采取实际有效的处理方式，也有人会走向逃避现实的上瘾行为。结果就是能够谨慎小心行动的人，是不会走向危险成瘾行为的，也是能够实际实行有效因应方式的。

这其中差别或许有一部分在于天生血清素系统的差异性，但不光是这样，应该说也跟后天的因素有关。实际上，血清素系统也受到后天环境因素很大影响。而与此相关的就是之前提到的依附稳定性。

第三个理由，就是认真又能自制的人较能获得健康的生活环境。实际上此类型被认为具有长期保有安稳的职业生活、更稳定的婚姻、较安定的人际关系的倾向。因为这样能避开一些生活起伏，减少无用的压力，间接地保护自身健康，最后就能达到长寿的目的。

勤勉的人比较容易得抑郁症吗

只是，这一点也不是没有异议。自制力强、认真的人同时也有过度压抑自己的倾向。在精神科的领域里，认真又自我克制力强的倾向，是容易累积压力的性格。认真、一丝不苟、重情义、责任感强，也被称为抑郁亲和型气质，以国际标准来看是容易得抑郁症的典型性格。

然而，根据傅利曼的研究结果，认为最长寿的性格就是谨慎、勤勉、自制力强、按照计划去努力、重视秩序或信赖，认真诚恳的类型。这用现在的分类来说，正是强迫性人格特质。

也就是说，一般认为容易得抑郁症的认真努力型，结果是最长寿的类型。我们都知道抑郁症会对身心健康造成重大威胁，对寿命也会有负面的影响。例如，得了抑郁症就表示癌症跟心脏病的发生风险会升高。这样的性格一方面对长寿有益，另一方面却会提高抑郁症所伴随而来的死亡风险。乍看起来很矛盾，这究竟是怎么回事？

此处浮现的，正是我们必须确定“抑郁亲和型是容易得抑郁症的性格”这个前提是否正确。近年来的研究中，抑郁症患者的病前性格，并不一定与抑郁亲和型的特征相符。反而再三地被指出不同类型的人较多。

实际上，在调查与抑郁症相关的人格因子研究中，显示出“神经质”是相关性最强的特质，特别是有容易被否定的情绪困住的倾向，可以预测出抑郁症发病的概率偏高。例如，调查当时与 5 年后的性格特质或抑郁倾向，以及抑郁症发作的关联性后，发现可以用来预测抑郁症的因子是：①容易被困在愤怒的情感里；②缺乏肯定的情感；③轻视传统或生活习惯；④缺乏对文化的关心。

所以勤勉性高的人，会尊重传统或生活习惯，反而可以防止抑郁症的发生。

那么，为什么过去会认为这一类型的人容易得抑郁症呢？抑郁症因不同种类而异，确实也有因为责任感强，而把自己逼到无路可走。过去的抑郁症，以及属于亲和型的抑郁症，就被认为有这样的倾向。今日所称的抑郁症包含了多种类型，而亲和型的抑郁症不过是其中一部分而已。把这些不同类型的抑郁症类型都用“抑郁症”囊括进去，才是造成混乱的原因。

在一般人口中占多数罹患抑郁症的人，多是容易受伤、困在否定情绪中的人。而勤勉性则是朝着抑制神经质（情绪不稳定）的方向运作，所以，勤勉性与神经质的特性在此显示出较弱的相关性。

实际上并没有研究证实容易得抑郁症的抑郁亲和型气质会缩短寿命。

总而言之，严肃认真、忠诚又责任感强的类型，确实也有过于勉强而容易得抑郁症的一面，但是用更长期的、更整体的角度来看，这类型因为能经营稳定的家庭，能健康长寿生活下去的机会也是比较大的。

价值观的影响

Conscientiousness 在中文中通常被译为“有良心的、诚恳的”等意思。但是这和日语中的“良心”有点不一样，后者应该说比较接近“认真严肃”“不怠惰”。

原本“良心”（Conscientiousness）是支持新教伦理的一种价值观，指的是每天做好自己的工作，不能怠惰，过着不让神蒙羞的生活意识。宗教改革后诞生的新教徒们，众所皆知对圣经的教诲十分忠实，重视严谨及诚恳，这严谨又规律、节制的生活，也就是“良心”价值观的表现方式。

依照社会学家马克思·韦伯所说，近代资本主义的思想源流，就是来自新教的精神：“良心”。正因这样的精神体现，才能成为支持资本主义的骨干。

不仅是新教，在东方，自古以来也是此精神的思考方式。佛教或儒家思想、伊斯兰教的思想里，也能认同这样的要素。遵照规律的生活，不耽溺于欲望，尊崇勤劳与奉献的精神，成为人类超越民族、文化、宗教的普遍价值观，也是一种生活方式。如此的生活方式，会成为广泛有力的价值观，则是因为这样的价值观带来了很大的恩惠，也是人类在几千、几万年的经验中学习得来的。这个恩惠应该就是让人类找到了增加长寿与幸福的机会吧。傅利曼等人的研究，可说是重新确认人类在漫长历史中找出的真相。

电话发明家葛拉汉·贝尔

因为发明电话而声名大噪的亚历山大·葛拉汉·贝尔，令人惊叹的人生也是因为这样的严谨。贝尔创立通信这样巨大的产业，作为企业家获得巨大的成功，但他绝不是生意人，而是为了自己的信念与热情而持续工作的人。

贝尔之所以会发明电话，有其必然的原因。他本是研究声音的学者，曾担任教导听觉障碍或语言障碍者发音的教师，他的母亲与妻子皆是听觉障碍者。

贝尔家开始研究听觉、语言障碍是从祖父那一代开始的。与孙子同名同姓的祖父亚历山大，本来是一名鞋匠，但是天生有一副好嗓音。他在爱丁堡得到舞台演员的工作后，逐渐活跃起来。到了中年，演员工作变少了，就开始靠提词人（负责提醒演员台词的人）或朗读的工作维生。但是却意外地发展出一条意想不到的路。他从提词人必须低声说话的技术，开发出独特的发声法，便以语言障碍治疗或演说指导者的身份活跃，“贝尔教授”因此开始闯出知名度。

可是，意料之外的不幸却向他袭来，就是妻子的外遇。他不止因此失去了妻子，也失去了学生和收入。他来到伦敦，以语言障碍及演说指导者的身份重新开始。往后的 20 年之所以能过着安稳的后半生，有很大的原因是因为与一位顾家的女性再婚了。

祖父有一双儿女，女儿由母亲带走，儿子则与父亲一起。那就是葛拉汉·贝尔的父亲，梅维尔·贝尔。由于梅维尔一直饱受不明原因的身体不适，心念一转决定渡海来到新大陆的加拿大居住。也许是那里的气候比较适合他，也有可能因为逐渐释放过去与继母共同生活所造成的精神压力，梅维尔来到此地后身体状况恢复，变得很健康。

他开始在职场中活跃，由于从事业余舞台剧的契机使他对发声产生兴趣，不久后他努力研究口吃的矫正，也有了成果。梅维尔选择回到爱丁堡而不是伦敦，在那里正式开始从事演说及矫正口吃的工作。

与伊莱莎相遇，更决定他毕生的志向。梅维尔是这么谈论这场邂逅的："她的耳朵有障碍，必须靠助听器才能听到声音。我从心底同情她。然而她却十分开朗，我对她的同情很快就转变成敬佩。"

伊莱莎当时 34 岁，比梅维尔年长 10 岁。两人结婚后，可以说是非常理想的夫妻，一生都维持着幸福的关系。

对于因双亲离婚而失去母亲的梅维尔来说，伊莱莎大概就像是代替了母亲的存在。梅维尔这么记述："我的妻子非常亲切体贴，非常令人喜爱，在 52 年的婚姻生活中，她不曾对我面露不悦之色。"

可以得到像这样的伴侣，真的很幸福。这样的婚姻也同样成为他长寿的原因。

他们结婚后生下的第二个儿子，就是亚历山大·葛拉汉·贝尔（通称亚力克）。

跟活泼爱捣蛋的哥哥相比，亚力克的性格是认真谨慎、稳重内向，算是比较喜欢独处的人。虽然在学校表现出朗读的才华，但由于他很讨厌当时颇受重视的拉丁语和古典语，成绩并不是很亮眼。小时候就显现出对自然科学的兴趣，但是并没有人特别注意到他这方面的才华。

在三兄弟中正好排行老二，亚力克有一点不那么受人注目。这时有个人注意到这样的亚力克，那就是祖父亚历山大。他再婚的妻子先走一步，为了排遣孤寂就把15岁的孙子叫到伦敦来。这位祖父认为不论出身多卑微，只要受教育就能发挥不逊于出身高贵者的能力，在当时是非常先进的自由派人物，使得两人成了“气味相投的朋友”。

与年老却仍努力不懈的祖父一起生活，亚力克很自然地受到强烈的感化，祖父让这个年轻小伙子对发声法与演讲术产生兴趣，同时也把他教育成一个诚恳、严谨、忍耐力强且爱好学习的年轻人。他从16岁起就以演讲术教师的身份开始工作，在爱丁堡大学入学时，已经对声音学拥有非常出色的知识与经验。后来又转学至伦敦大学以取得学位为目标。

然而，苦难又侵袭他们一家。首先是弟弟，再来是哥哥，陆续死于肺结核。而父亲梅维尔的事业在英国并不受到好评，使他们走投无路。父亲为了东山再起，决定渡海去美国。成了唯一儿子的亚力克也只能从大学休学，跟随父亲。

亚力克开始在波士顿当起听觉障碍者的教师，据说学生只有四个人而已。但其中一位学生表现出显著的进步使他获得好评，他的能力在波士顿逐渐受到认可。

光是这个工作就需要很多付出，但由于亚力克想拯救听觉障碍者的念头，驱使他研究把空气的震动转换成电气震动的装置。在研究当中，他想到的副产品就是电话的原理。

亚力克持续过着白天当老师，晚上埋首于研究的生活中。教师的工作也绝不偷懒，所以他总是一副过劳的模样，为了头痛与失眠而烦恼。世界上第一次听到电话机发出声音，是在他 28 岁的时候。第二年他取得专利，隔了一年他设立了电话公司。同一年，他和曾是他学生，小他 10 岁的梅贝尔·哈瓦德结婚了。她也和亚力克的母亲一样是听障者。

亚力克的公司在后来有了很大的发展。然而，就算得到巨大的财富，他也不喜欢奢侈与安乐，仍然跟以前一样继续着勤勉的研究生活。这样的生活方式一直到他年老之后也没有改变。享年75岁，虽然并不特别长寿，但是他的人生极为充实。一直到死前，他都还在进行实验，持续在笔记上书写新的构想。在他亡故后5个月，他的妻子梅贝尔也像是追随他似的逝去。

亚力克的勤勉，是从祖父那一代继承下来的坚定信念。勤勉这样的性格，拥有与信条或价值观紧密结合的一面。过去的日本也有重视勤勉诚恳的“文化”，随着日本的繁荣，同时也被认为是长寿的基础。

如何养成长寿的性格

在“长寿性格诊断测验”中，被判定长寿分数较低的人也不需要气馁。勤勉性是能够努力提升的。小时候莽莽撞撞、做事冲动，行动不考虑后果的人，也有可能随着年龄增长变得深思熟虑，懂得考虑后果再行动。把未来可能潜藏的风险考虑进去，学会控制自己的方法，以这样的程度来说就是成熟的人。

然而这当中也有人年轻的时候还算深思熟虑，行为慎重，过了中年却因为鲁莽而犯下大错。年轻时的小失败也许还能挽救，但年纪到了某个程度一旦面临失败，不只打击很大，能够挽救的时间和体力都所剩不多。年纪越大，失败的打击就越大。因此就会要求自己要避开风险，要更慎重行事。但要是反其道而行，不只会失去财产，还会缩短寿命。

有时候会因为成功而变得阔气与傲慢。也有人年龄越大，判断辨别的能力也会失准。情绪的控制也比以前差，这种情况就要注意了。不只是对愤怒的控制，除此之外，其他方面的控制能力通常也会变得比较不好。

勤勉性高的人，不会梦想一夜致富，反而会节省开支，把赚来的钱好好储蓄下来。比起大捞一票获得利益，他们会更注意伴随而来的风险。有些退休金或养老金的几千万元，被人怂恿拿去投资结果赔光。像这样的被害人有一个共同点：就是情绪起伏很大。情绪高昂跟瞬间低落的情绪差异很大。采取大胆行动的时候，就不会去注意风险，满脑子都只想到好处。但是这世上哪有可能全都是好事。当发现养老金只剩下一半，有些人因此得了抑郁症。一旦碰到这种意外，不只为生活费发愁，甚至因此缩短寿命。

为了避免陷入这样的困境，重视风险的思考很重要。特别是中年以后，必须领悟到已经不是可以赌一把的年纪了。为了成为长寿的性格，最根本的指标可以简单扼要地归纳为以下三点。

第一就是重视风险大于利益。

第二就是维持现状先于变化。

第三是提高自我控制力，不要沉迷于欲望，小心留意，跟欲望保持距离。

第二章 2

缩短寿命的性格

活泼开朗、喜爱社交的人，真的比较容易长寿吗？

经过 80 年的长期调查，到底哪些性格特征会不利于长寿？

在第一章说过，我们找出与长寿关系最深的性格，意外的是勤勉、诚恳这样的特性。简而言之，认真的性格对长寿有利。

对于那些认为生活可以过得轻松且偷懒，或是自认不认真又怠惰的人而言，这个结论可能对他们不利。毕竟这都是以 1500 个人的样本为对象，且经过 80 年搜集庞大的资料研究后得出的结论。除了勤勉和诚恳之外，特曼的数据还抽出几项会左右寿命的性格倾向。来看看什么样的性格有利于长寿，什么样的性格容易缩短寿命吧。

社交的功过

特曼的研究厘清了另一个意外的事实，那就是具有社交性并不一定会使人长寿，但这并不是指具有社交性的人就一定会短命。具有社交性的人到底容易长寿抑或短命，并不绝对。

具社交性的人，能得到与人维持交流的好处，同时也会因为交际产生坏处，所以全体平均下来是各有利弊。在特曼的研究中，最长寿的人部分具有社交性，部分没有。比起是否具有社交性，更重要的还是谨慎或自制、有计划性并持续努力的倾向。

孤独的科学者与社交的生意人

特曼的研究对象是优秀的孩子们，因此后来在社会上成功的人也很多。依据不同的职业区分他们的类型时，特曼发现大致上可以分为两类：科学家型与商人型。

两者的能力与社会行为程度皆高，但在社交性上显示出非常极端的对照。科学家型比起商人型较不善社交，从小就害羞怕生，对集体行动不积极，长大后也对社会活动不是很有兴趣，偏好一个人行动。

究竟，哪一型的人比较长寿呢？就结论而言，科学家型比商人型长寿。科学家与非科学家相比，前者有四分之三的人活到超过 70 岁，后者则只有三分之二的人活到 70 岁。因此，社交性或对社会活动的积极性，实际上与寿命并无相关。这是为什么？

社交性或社会活动对健康来说有正面的影响，这毋庸置疑。我们也从许多事实得知，逃避社交、关在家里生活对身心的倾向都有不良影响。退休后从压力中解放，照理说可以享受悠闲自在的生活，但是退休后却往往容易窝在家里，每天看电视、玩游戏打发时间，几年之间就失去了健康，然后紧接着死亡的案例很多。与社会有所联结，以及体会在社会中的存在意义，其实对健康的贡献不小。过去生活越是活跃的人，越会感觉到老后或是退休后的生活落差很大，生命就像突然踩刹车似的结束的人不在少数。

实际上越是活泼地从事与人相关的工作，这个关系一旦不再，就会像是失去生存价值似的，往往会使身体衰竭。教师退休后的平均寿命据说不满 7 年，校长则被认为是退休后不满 3 年。

从事社会性的活动，会提高精力，让人光彩焕发，另一方面也不可忘记要是失去这个角色，也会有反作用。此外，亦不能忽视社会活动也会增加压力。实际上在社交活动中活跃的人，抽烟或喝酒的量都多，也容易增加为了排解压力的过度行为。这样的负面性，会与社交活动中得到的正面效果互相抵消。

无话不谈的关系更重要

社交性以及与他人建立亲密稳定的关系是两回事。具备社交性，享受与许多友人热络的交游、在派对上备受欢迎，和培育真正亲密稳定的情感，可以说完全没有关系，这是不同层次的事。所以，请不要误以为特曼得到社交性与长寿没有相关的结论，就表示与他人的来往和长寿无关。

例如哲学家叔本华的母亲约翰娜最喜欢派对，是知名的社交界之花，也受到歌德等文人的喜爱，但是把养育儿子和照顾丈夫的事情都交给用人，缺乏感情的结果是丈夫自杀，和儿子也断绝了关系。虽然另有爱人，但是无法与自己的儿子和丈夫形成稳定的情感联结。

社交性与稳定的依附情感，是完全不同的特性。当然也有同时具备两者的人。另一方面，也有依附情感稳定，却不善社交的状况。实际上即便社交性与长寿没有相关，而依附的稳定性却是影响寿命与幸福的主要因素。

如何清楚明白依附稳定性的指标，其一就是与父母的关系是否稳定。与父母亲疏远或是时常吵架的情况自然不用说，对待父母亲过度小心翼翼，想服务父母的情况也要注意。多数是心理受到父母支配，于是想用“好孩子”的表现方式来掩盖不稳定的依附情感。

另一个指标就是是否有人可以无话不谈。身边是否有能让你商谈事情的人。依附情感不稳定的人虽然会很小心体贴他人，但是重要的话却往往说不出来。无话不谈的人就是一个“安全基地”。拥有安全基地，不只能稳定情感，还会使身心健康和长寿。

活泼、开朗中潜藏的陷阱

特曼的研究厘清的另一个意外的结果，就是更能享受长寿人生的人，并不是那么活泼有朝气。从结果来看，反而是在小时候特别活泼的倾向，会成为短命的风险因子。

被监护人判定活泼开朗又乐天的孩子们，并没有比那些被认为认真稳重的孩子们活得更长久。总爱说些有趣的话逗大家开心，跟他在一起感觉很快乐的人，反而只能保有较短的寿命。

这样的孩子们，充满精力，富有社交性，擅于言谈，开着玩笑，什么都觉得有趣，有追求快乐的倾向。虽然不特别神经质，但是对别人的脸色敏感，有强烈需要别人认同的倾向。而且他们多少有点自我中心，偏好当领导者，一切要按照他的想法去安排。

在特曼的样本中，反应快又健谈，很受欢迎的孩子，将来都有成为业务员或律师而获得成功的倾向。一般可能会认为，像这样风趣又愉快的人，一定具备了长寿的条件，但是在特曼的研究结论里，却否定这一点。他们只能拥有低于平均的寿命。

想想喜剧演员或艺人，本来就不是最长寿的，应该也就能理解了吧。一定要逗周围的人开心的服务精神，是一种优秀的特性，但同时也背负着困难或牺牲。有许多这类型的人是在严酷的环境下成长，只有让身旁的人开心才能使别人认同自己的存在。他们缺乏基本的安心感，利用服务旁人让别人认同他的存在价值。有这样痛苦的过往，比别人更加倍在意周围的人，活得没有平均年龄来得长，一点也不奇怪。

这类型的人，在长大之后多数过着有害健康的生活。他们把过分仔细周到的待人压力，用酒精或其他上瘾的行为来排遣。实际上若以喜剧演员为对象所做的寿命调查研究显示，他们的寿命比平均寿命来得短。

“开朗的人”为何会早逝

然而为何活泼开朗的孩子们会早逝？为了解这个疑问，知道他们的死亡原因应该很有帮助。特曼调查出活泼型的死亡原因与其他类型的人有很大的差异。死于癌症、中风或心脏病的人相对来说没有特别多，在比例上这些原因反而比平均来得少。使他们的寿命更加缩短的原因，多数是死于自杀或意外事故，有时则是成为杀人事件的牺牲者，其风险比其他类型的人还要高。

因为活泼的人可能比较轻率、冲动，也容易被情绪左右。对危险的事情不留心，行为举止没有过多防备。

但是，为了避免误会我必须说，这类型的人并不是特别会发生社会不适应症的人。他们有自己适应社会的方法，但是这么做却会引发弊害，驱使他们做出危险的冲动行为。

实际上这类型的孩子们在长大之后，酒喝得比较多，烟也抽得比较凶，同时也比较容易热衷有危险性的兴趣或活动。比起阅读或欣赏音乐，他们容易偏好例如水上运动等比较惊险刺激、玩命的活动。所谓开朗有朝气，要是太过度也会导致缩短寿命的结果。

活泼与积极是不同的特性

然而继承了特曼研究的傅利曼等人，在研究过程中却发生了不少混乱。他们想从研究中推断，乐观且正面的生活方式并不一定能带来健康与长寿的结论。我不得不说这是一个相当粗暴的讨论。为什么会变成一个这么简单的结论？正是因为把乐观正面的特性跟活泼开朗的特性画上等号，才因此产生了混乱。

这两者在今日的精神医学、心理学上的理解来看，是似是而非的。

好比说，过去认为的抑郁症，在近年来才得知其实有一半是与躁郁症相关。过去的理解是，有朝气、活泼、正向的阳性特质，跟不活泼、阴郁、负面这种阴性特质是相对的两极，也被视为是两个彼此矛盾的东西。但是，以今日的理解，同时存在两种特性并不是什么稀奇的事。

反过来说，就算是活泼有朝气也未必是乐观正面。很爱开玩笑，跟他在一起时总是笑声不断的人，很可能第二天早上会情绪低落，绝望到觉得死了算了。虽然没有那么活泼，也不是很爱说笑，但是却很积极正面、相信未来，并有计划地努力的人也很多。遗憾的是，从特曼到傅利曼的研究，因为没有能掌握这一点，很可能在这点上导出了没有意义的结论。

开朗背后的情绪起伏

如果我们从最新的精神医学、心理学来重新掌握特曼样本中看出的倾向，会怎么样呢？当小孩表现出活泼开朗，喜欢逗身旁的人开心，这个特性可以显示出以下的倾向。

最显著的就是两极性（Bipolarity）。两极性就是年轻的时候容易显现出精神抖擞，情绪高昂，精力充沛的模样。仔细观察之后，就会发现情绪高昂的时期中间会夹杂着短暂没有精神的时期，通常不太容易留意到，身边的人仍然会觉得他是活泼开朗的人，特别是没有朝夕相处的人更难察觉。他们大多也不让家人看见自己灰暗的一面，一举一动充满朝气，因此周围的人完全没发现异样。

即便对方是自己的母亲，也不会让她看见自己真正的样子，会扮演好孩子或是元气满满的开朗模样。特曼便有记录到这样的案例，父母亲会说自己的孩子非常开朗有朝气，很爱说笑逗人开心，但是他们对孩子的理解很可能只停留在表面。

近年的研究显示，两极性倾向有不少是与环境因素有关，例如与母亲之间的关系不稳定的孩子，就很容易看出两极性倾向。

两极性倾向容易与自杀风险联结，这已经是众所周知的事情。此外，情绪高昂的状态下，会勉强自己过度努力，容易对危险满不在乎，自然也能理解为何与过劳或意外的风险相关。两极性容易与过度的社交性结合，虽然可以努力一段时间，但是却难以持续下去，因此也会成为损及勤勉性的因素。也就是说特曼研究显示的结果是，小时候就看出有两极性倾向，对寿命来说是风险。

喜爱探索新奇事物的性格

喜欢追求新刺激、对事物容易感到无趣、性格好动、缺乏慎重性，这些特性都是属于对新奇性的探索，容易伴随危险发生的倾向。新奇性探索的遗传性因素很强，可以视为是与生俱来的特性。

拥有此倾向的人喜欢冒险，比起稳定更想追求风险，因此在动乱的时代也会成为开创新天地的原动力，但是在安定的时代里，多余的冒险心就变得很难处理。他们往往会埋首在玩命的活动中，或是刻意抛弃安稳的生活，过着没有明天的日子。此外，他们还容易对药物上瘾或是嗜赌如命。游牧民族中拥有与这种相关遗传基因的人比例很高，拥有此遗传基因的人，对安居一处的生活会引发不适应。

这类型的人依附情感相对不稳定，人际关系也容易变动。

此外，小时候也容易显示出过动、活泼、冲动的倾向。天真烂漫又随心所欲的特质，也容易同时拥有享乐主义的倾向。这样的特性，会让周围不少人对他们有着活泼开朗的印象。实际上，在特曼的研究中，冲动又缺乏稳重及慎重性的探索新奇性，相对爱好稳定且维持现状的人，较容易遇上危险。

也就是说，研究显示出：探索新奇的性格相较于拥有逃避危险性的人，较不利于长寿。

“做人很好”的人

另一个容易被误解为“明朗”的特性，是为了被喜欢而讨好对方的倾向，容易与表面的感觉自在、做人很好等联结在一起。很多人跟这类型的人接触之后，都会觉得他们是“老实的孩子”或是“亲切的人”吧。让人开心、感觉很好的性格，对寿命来说是加分项吗？答案是“未必如此”。

这种倾向强的人，对他人的脸色很敏感，容易压抑自己的感受，因为他们想让周围的人开心，会过度配合对方，服务对方。倾向表现和蔼可亲的样子或是过度配合对方，与五大人格因素理论中的“和善性”深切相关。但这仅止于表面上的理解，深入研究会发现，该倾向在人格分析中大多与“依赖性”的倾向相互结合。

在人格当中，“依赖性”并不代表容易沉迷，而是代表超出需要地依附他人，造成关系不对等，看别人的脸色，过度配合对方。身旁的人会觉得相处起来很自在、温驯又老实，是个很亲切的人。但是实际上他需要做出很大牺牲，才能保有这种良好的感觉，而这个牺牲就是扼杀自我。

依赖性人格特质，总是容易摆出很好的一面，不让他人看到真正的样子。拥有这种倾向的人，就算对方是父母，也会小心翼翼想讨好他们，做出让父母开心的行为。背后就是担心真实的自我不被人接受，养成有意识、无意识地努力避免自己被抛弃的习惯。

会产生这样的习惯，是因为没能从父母身上得到充分的安全感或关心。依赖性人格是在心理承受支配的状况下成长的，就是我们经常在所谓的成年儿童（Adult Children）身上看到的特性。这类型的人，基本上都背负着缺乏基本安全感的焦虑型依附形式，为了得到周遭人的认同而过度努力，就算牺牲自己也想要奉献，因此很容易勉强自己，当然也成为他们承受压力的原因。

开朗活泼、爱开玩笑的孩子们当中，也包括为了弥补因为爱与关心不足产生的寂寞，而成为朋友间受欢迎的人物类型。这样的孩子们，就算将来因为很容易累积压力而对寿命造成负面影响，也没有什么不可思议的。

特曼得到“开朗的孩子”寿命较短的结论，或许起因是爱与关心的不足所产生的焦虑型依附形式，这对寿命来说是负面因素。包含焦虑型在内的不稳定依附形式会给平均寿命带来坏的影响，我们也已经从其他的研究得知，因此这一点可以说没有什么值得争论的。

卓别林与他的父亲

喜剧泰斗卓别林的父亲，是一位名叫查尔斯·卓别林的杂技艺人。容貌比他儿子还英俊，也是位声音好听的歌手，拥有受到上天眷顾的演艺才华。他是一个成功的杂技艺人，虽然赚了不少钱，但是大部分都花在喝酒上。

卓别林的母亲汉娜·希尔与父亲查尔斯开始交往是在16岁时，当时汉娜担任某部戏剧的主演。但是汉娜在18岁的时候与一位中年贵族坠入情网，两人私奔到非洲去。当她与那个男人分开从非洲回来时，汉娜带回了一个小男孩，但查尔斯仍立刻与汉娜复合。之后他们便有了后来的小孩——卓别林。

结婚前酒品就很差的查尔斯，与汉娜的婚姻从一开始就不可能顺遂。就像是预知这一点似的，汉娜很快地以女演员身份复出，有生活的能力使她更早离婚。小查尔斯才刚满1岁时，父母就离婚了，也没有父亲的赡养费。

汉娜认为，就算不需要酒鬼丈夫的帮忙，养两个孩子也不成问题。那时候看起来比实际年龄年轻的汉娜，以女仆角色博得人气，获得的酬劳已经多到可以雇请佣人的地步。

但汉娜却遭遇喉咙发不出声音的不幸。汉娜不得不去找前夫哭诉，请他给予赡养费。然而前夫当时也因为酒精上瘾症，无法找到理想的工作，所以得不到什么有用的帮助。而后父亲查尔斯·卓别林年仅37岁就过世，当时小查尔斯才7岁。

汉娜只得靠不熟悉的针线活来赚取微薄的薪水，这些辛劳，终于将她的精神层面都耗尽。在卓别林12岁时，母亲汉娜精神失常，住进了精神病院，后来反复出院、入院，最后没能完全恢复。

在不安定的境遇下长大，私生活上也充斥绯闻与丑闻，过着比父亲还要不安稳的前半生，卓别林在求助他人的感情中生存，学会了服务别人、讨别人欢心的才能。然而，由于这样不稳定的出身，若他跟父亲一样沉迷酒精而早死也不是什么奇怪的事。然而为什么他可以活到90岁如此长寿的年龄，那就是卓别林在工作上十分严谨。

从他还是个无名小卒的时代起，他就已经领会如何在短期间陆续把电影完成的技术。他不停地生产作品，经常都在思考关于电影的事，这一点他的努力决不怠惰。整体来看，卓别林是个例外，他的父亲才是世间常见的样子。

虽然在不稳定的环境中长大，但他能学会勤勉严谨，才是卓别林伟大之处，也或许可称得上是奇迹。

肯定的思考方式

研究结果虽然显示出孩提时代的活泼开朗对寿命是负面的，但是长大之后的情绪或感情却呈现出不同的结果。

有一项以圣母院修道院的修女为对象的著名长期研究。以 700 位修女为对象，经过数十年追踪调查。与特曼的研究相同，累积了庞大的数据，然后以这些数据为样本进行各种分析。此研究分析修女们在成人后不久（平均年龄 22 岁）时亲笔写下的自传史，从这些内容中评断她们谈到的情感有多少正面内容，经过 50 年以后，再比较看看她们是否健康长寿。

这个结果发现，在年轻时写的自传史中，谈到较多感谢或希望等积极向前的情感的人，死亡率较低，活得比较久。相反的，若是写了较多悲伤或恐惧等负面情感，就看出有短命的倾向。

更正确的解释：相较于过去有多么活泼或乐天，她们用肯定的心态看待自己的人生的程度，将更能左右后来的健康或寿命。

有些人即便在人前表现得开朗活泼，但回首自己的半生时，心情就会变得灰暗且说出否定的话来。能用明朗的感觉来肯定自己半生的人，不仅有肯定的自我观，也有肯定的人生观、他者观。那不仅是代表心情而已，还与思考方式或接纳事物的方法根基有关，那并不是在诉说心情是否开朗，诉说的是一个人最根本的特性。

也就是说，心情或感情的活泼乐天与思考方式的积极正面，两者应该要分开来看才对。

幸福会走在成功之前

人们时常会觉得，成功之后得到富足的生活或是名声、美好的伴侣，就会带来幸福的人生。但是在近年的研究中发现，反而是幸福的人才会往成功靠近。因为幸福，所以才会成功。这件事从另一个角度来说，当你坠入不幸的陷阱中，就会因为不幸而往失败与失望的人生更加靠近，然后演变成更不幸的恶性循环，这表示人不容易从这个循环中逃脱。

而这个恶性循环的开始，是因为无法选择孩提时代的遭遇。

在孩提时代身处于不幸环境的人，对压力十分敏感，容易过度反应，因此被认为会提高焦虑障碍或抑郁症等的风险。此外，到了中年也看得出对培育后进缺乏兴趣。这样的人晚年容易过得孤独且不健康。

但是也有人虽然在不幸的环境中长大，也能得到幸福。所以在不幸的环境中长大，却能得到稳定的后半生的人，他们的人生更有研究的价值。

具有攻击性的人

性急且容易焦躁、不服输、攻击性强的性格，称为 A 型人，这类型因为容易罹患心脏疾病而受到关注。美国医师傅利曼（与长寿学者傅利曼为不同人）是一位研究循环系统的专家。他发现门诊的椅子上会有特殊的损伤，损伤都集中在椅子的前方，恐怕是频繁摩擦造成的。为什么呢？他觉得很不可思议，于是傅利曼观察等待区患者的样子，发现患者们都很急躁，椅子坐得很浅，不停地重复站起来坐下。这件事让傅利曼怀疑，急躁、无法稳定下来的特质是不是跟心脏病有关？于是他开始调查，所发现的就是这种 A 型人。

在后来的研究中也逐渐发现，攻击性强或是竞争心态、对人产生敌意，不只针对心脏，其他疾病的发生率也会升高，引发死亡的概率也很高。在法国进行约达 13 年的世代研究中发现，神经过敏、焦虑或是容易有攻击倾向，是提高死亡率的主要原因。

在调查肺癌发病年龄的研究结果也显示出，攻击性或敌意强，特别是言语暴力激烈的人，容易患肺癌。敌意与攻击性这类特性非但没有好处，还会缩短寿命。这类型的人很难发现这会对自己的身体造成压力，导致身体会先衰弱下来。

不容易得癌症的性格

与A型差不多，一样被诊断属于容易罹患癌症的性格是C型人。C型人不会以自己为优先而是过于配合对方，过度奉献自己的典型，因为过度压抑自己造成压力增加，甚至可能对免疫力造成不好的影响。

只是，这不能证明跟所有的癌症都有关系。以整体来说，还没有特定的性格已经被证明容易罹患癌症。然而我们看看各种癌症，会发现几乎已证明这样关联的疾病，其中之一就是乳腺癌，已经有研究结果报告（Eskelinen&Ohonen，2011）指出，大多发生在对丈夫或孩子过度奉献的人身上。

但是，根据有关大肠癌发病的日本研究，并不认同有抑制感情倾向或是奉献型的人特别容易患大肠癌。只是，相反的，自我中心的人显示出较少罹患大肠癌，若按照这个解释，自我牺牲的人会承受多余的压力，至少不能说有好的影响。

关于肺癌，如同先前所述，具有攻击性或敌意、焦虑或神经质的倾向时，发病年龄有提前的倾向。关于不容易罹患癌症的性格中，令人深感兴趣的是被称为歇斯底里性格的类型。歇斯底里性格又称为演技性人格特质，小小的事情也会大吵大闹，闹得很激烈是他们的特征。只要对他们不利时，身体马上就不舒服，一点点的打击就会晕倒、过度换气，手脚无法动弹等。有这种性格倾向的人，据说不容易得癌症，在日本实施过的大肠癌相关调查中，也认为这种性格有抑制发病的倾向。

仅仅一点点压力就把大家都牵扯进去闹得很大，或许有保护自己远离压力的效果。

病由气生，是真的吗

依附不安定的人，会以情绪不稳定且过度要求爱或是以逃避情绪的形式表现出来。前者是焦虑型的依附形式，后者则称为逃避型的依附形式。无论是哪种依附形式，跟安定型的依附形式比起来，我们知道都较容易感受到压力，也容易罹患心理疾病。

焦虑型依附形式的人，容易操心，对身心不适也容易过敏。在特曼的研究中，成人早期阶段中被看出有操心倾向的人，到了中高年龄时会显示出健康状况不佳、容易感觉到不幸。特别是女性，看得出平均寿命有缩短的倾向。虽说“病由气生”，但实际上过度操心只会让担心的事情实现，反而很可能缩短寿命。

不过，爱操心并不是只有坏处而已。依据以70岁以上的老人为对象所做的研究(A.E.Korten et al., 1999)指出，有神经质倾向的人，在70岁以后的4年内死亡的概率较低。因为神经质的缘故，所以过度注意健康状态，反而达到保护健康的目的。病不是只有因气而生，也会因为生活习惯或是不注意养生而发生。

爱操心与神经质

情绪变化多端，容易不开心或情绪不安定的倾向，对寿命还有健康都有负面影响。一样很难搞的另一种性质，就是爱操心跟神经质。

爱操心和神经质虽然会损及一个人的幸福，但仍因为性别而有差异。女性容易出现负面影响，过度操心不只会压抑情绪，也容易损及健康。

但是在男性身上情况就不同了，爱操心的男性反而会长寿。特别是勤勉诚恳型，爱操心又神经质会让他们寿命延长。尽管幸福程度会降低，却能一直坚韧地活着。特别是妻子先于男性去世的情况下，神经质倾向较强的人，更能生存下去。

神经质就是用焦虑的形式来表现自恋。因为担心可能会生病所以很小心，这也是因为想珍惜自己而对生存产生的执着。成为孤独老人之后，对生存的执着应该是长寿的必要条件吧。

后面也会提到，当配偶先离开的时候，对男性与女性的影响几乎是恰好相反。男性会受到较强的冲击而使寿命缩短，因此妻子先去世的男性平均寿命会大幅缩减。对妻子的依附情感越强，丧失感与破坏度也就更大。

然而对女性而言却没有那么大的冲击，常有丈夫先去世的人寿命会比较长的情况。女性独自一人也能活得很有朝气，但是男性却必须很留意身体健康，努力忘记孤独的痛苦。

男性脑与女性脑

性别与性向是不同的两件事。男性中也有偏女性气质的人，女性中也有偏男性气质的人。在我们知道男性脑、女性脑等的差别之后，也能明白在大脑的机能性上确实存在了差异。

男性脑，就是偏好朝着终点竞争，用合理的道理或计算来思考，对感情不太讲究，很不擅长用言语表达自己的心情。很有行动力也很主动，很快就能进入战斗模式，会想用战斗来分个是非黑白。对视觉空间的认知较优秀，可以分辨车种、也很擅长阅读地图。喜欢享受刺激性活动这种危险的事。

另一方面，女性脑则会以感情而不是道理来思考，会去理解对方的心情，擅长表现自己的感受。不擅长阅读立体图形或地图，但是喜欢有诗意的东西，喜爱聊天，比起竞争或战斗，更偏好和平的游戏。

与性别无关，被判定为较偏向男性气质的人，比较会赚钱，也有饮酒量较多的倾向。哪一种会长寿？如你所知，不只是男性气质的男性，偏男性气质的女性的死亡风险也会提高，有短命的倾向。另一方面，不只是偏女性气质的女性，偏女性气质的男性也被认为有长寿的倾向。与生物学上的性别无关，而是男性本身就会增加死亡的危险。

喜欢户外活动或运动的女性，比起喜欢园艺、读书或是手工艺的女性，很意外的——喜欢在家安静度日的女性平均寿命较长。

除了生物学上的性别以外，偏女性气质还是男性气质左右了你的寿命。这就表示，偏女性气质的男性与偏男性气质的女性寿命几乎是差不多的。女性会比男性长寿，与其说是由生物学来决定，不如说有可能是由于女性偏女性气质较多，还是男性偏男性气质较多的缘故，这是傅利曼的考察。

被认为拥有男性气质的人，死亡率较容易提高的因素，其一是从事危险行动的机会较多，而且往往会与人保持距离，因此遇到难处时并不是找人倾诉或是借由商量来排解困难，而是倾向于以酒精或冒险的活动来抒压。相反的拥有女性气质的人，能够享受沟通或与人交流的乐趣，这样有助于维持心理健康。

左撇子不易生存吗

另一项影响寿命的推估，差异意外明显的是擅用哪一只手。左撇子跟右撇子比起来，平均寿命少了 9 年。

一直以来都说左撇子比右撇子容易遭逢意外。其一是因为社会的组织架构是为了右撇子制造的，因此对左撇子的人较为不利。此外，就是左撇子的人伴随着在大脑发展上的偏颇。

通常已经完成典型神经（Neurotypical）的状况，语言中枢是在左脑发展，左脑开始拥有了主导权，确立了左脑是优势半球。然而，不知道什么原因使左脑无法承担优位功能时，语言中枢就会横跨右脑与左脑，同时右脑变成优位，结果就变成左撇子了。也就是说可以推测出左撇子或是惯用两手的人，在发展过程中曾经出现某些障碍。

这样发展上的特性，应该会对社会适应性或是身心健康有影响。

右脑成为优势半球，因此右脑的特性就变强了。在直观能力或非语言能力上会发挥强项。这样的人多数属于灵感丰富的人或是具有艺术气质的人。另一方面，语言中枢横跨两个大脑半球，以传达的效率来看也比较差一点，容易在理解力或理论的能力上与他人在沟通时出现困难。虽然手很巧，但是有不擅长沟通的倾向，因此朋友也很少。不知道是否是因为靠理性来控制的方面较弱，因此也被认为较为情绪化，有性急的倾向。

第三章

3

悲剧性思考

克服悲剧性思考，

也可以说就是克服不稳定依附情感的根源，

克服位于自我深处的根本性安全感匮乏。

什么是悲剧性思考

悲剧性思考是指对细微的坏征兆或不好的事过度反应，觉得一切可能都完蛋了的极端想法。即便坏的只有一部分，他们也会做出仿佛所有一切都很糟的全面否定。

很匆忙的时候脚撞到椅子，悲剧性思考的人就连这种小事也会认定自己只会发生坏事，觉得干脆死了算了。要是孩子不听话、不写功课，就大喊大叫说“还不如不要这种孩子”“早知道不要生孩子”。

悲剧性思考有两个要素：第一个是否定的认知，另一个就是非黑即白的二分法。悲剧性思考可以说就是否定的二分法认知。

当一个人得了抑郁症而自杀时，感觉自己没有任何希望，只有死才是唯一的救赎。实际上并没有这回事，还是有很多美好的地方，但是当下却只能看到不好的，这就是陷入了悲剧性思考。

即便不到自杀的程度，濒临崩溃的悲剧性思考对我们并不陌生。有不少人的日常生活已陷入其中。如果深陷悲剧性思考，人的样貌会变，平常很开朗的人也会露出判若两人的险恶表情，觉得“一切都令人厌恶”，心情非常恶劣、焦躁、发出惨叫、怒吼。

当无法抑制攻击性的时候，多数会陷入什么都不想管了，自暴自弃的想法或行为，就是悲剧性思考的结果。

悲剧性思考会缩短寿命

我们知道，即便不自杀，悲剧性思考仍会缩短寿命。容易陷入悲剧性思考的人，都有早逝的倾向。特别是这种倾向在男性身上很显著。悲剧性思考的人，因为暴力或自杀的案例特别多，并且在其他原因的死亡率上也有较高的倾向。

生病或是有重大压力的时候，就容易陷入悲剧思考。因此也有人反驳，这并不是因为悲剧性思考，而是因为疾病或压力缩短了寿命，悲剧性思考与寿命的关系只不过是表面上的关联而已。

因此，傅利曼等人便将访谈后5年内死亡的案例排除，以除此之外的案例进行比较，发现结果仍然相同。访谈时被看出有悲剧性思考的人，5年以后的死亡率也很高。

悲剧性思考会给缩短寿命带来持续的影响，且与在某个时间点的疾病或压力的影响没有关系。

容易陷入悲剧性思考的特征

有些人容易陷入悲剧性思考，也有些人不太容易陷入。容易陷入悲剧性思考的人有几个特征。

第一个特征就是被“一定要”的思考困住。在自己心里，有各个事物应该要有的理想状况，若非如此，就觉得一切都完蛋了似的，不允许不完美的自己。对这个理想的执着，与完美主义和非黑即白的二分法认知结合在一起。

我们经常看到这种案例的背景，在总是严厉批判、爱找碴的父母亲养育下长大。父母亲本身就是悲剧性思考的人，情绪变化很快，会突然全盘否定，同时只要不是完美的“好孩子”“优等生”就不认为有价值，造成孩子有时候会觉得不完美的自己，就是没有价值的废物。

容易陷入悲剧性思考的人还有另一个特征，就是倾向于避免正面面对问题，不采取实际有效的因应方法，也被认为有冲动且反应草率、鲁莽的倾向。

当他觉得已经不行了，并不是去面对问题、想办法让灾难停在最小限度，而是想放弃一切。比起客观地接受现状、思考必要的对策、锲而不舍地找出妥协的办法，他们大多会偏向做出逃避的行为，企图忘记这件麻烦事。因此问题迟迟无法解决，使得状况越来越恶化。拖延不解决问题让事态更加复杂，结果自己创造一个悲剧的结局。

实际上只要面对问题，大多时候事态并没有那么糟糕，只要采取必要的方法，就能免于最糟状况，但容易陷入悲剧性思考的人会害怕面对问题，而错失解决的机会。

悲剧性思考很难对付的原因

容易陷入悲剧性思考的人，在养育环境或人生航路上，大多有一些象征性的经验。

其一是在不稳定的家庭环境中成长，或是因为不幸而度过困苦的孩童时代。这样的人，只要一点点否定或失败，都会联想起过去的否定经验，感觉自己的一切都遭到否定。

另一种，就是被强烈自恋型父母养育长大，因为只爱优秀的孩子，所以孩子要永远维持精英形象或位于顶尖才能找到自己的价值。这种情况下，当自己不再是完美的自己时，就会迷失自我，就连生存的意义都会失去。

他们从小就欠缺无条件稳定的爱。为了想得到这样的爱，而一直执着于完美的自己。换言之，他们在还没有培育出稳定的依附就长大了，至今仍一直带着这样的缺憾，因此容易产生“不完美就是零”的想法。

实际上悲剧性思考就是容易伴随着不稳定依附情感的思考——悲剧性的思考最棘手的就在于这一点。与其说是悲剧性思考棘手，不如说难处理的是位于根源的不稳定依附。想要改善悲剧性思考，很多时候仅是修正思考模式很难成功，就是这个缘故——那么究竟怎么做才好？

减少危险的因子

更进一步探讨悲剧性思考会缩短寿命的原因，其一就是压力，另一个就是容易被冲动的情绪左右的倾向。容易陷入悲剧性思考的人，为了避免增加太大压力，应让心情保持宽裕。而拥有冲动情绪的人，特别要注意，希望能尽量去治好悲剧性思考。因为，悲剧性思考是可以改善的。

另一方面，严谨且具有计划性的努力型，较不容易陷入悲剧性思考。小时候很勤勉的人，即使长大后患有精神疾病，也较不容易走向自杀。勤勉的人会遵守医生的指导，也会认真吃药，专注于治疗。然而，欠缺严谨性或诚恳努力的人，会放弃治疗自己的病，很容易武断地做出“已经没有用”的结论。

在耶鲁大学进行的研究中，调查在心脏病发作后，患者在治疗中的配合程度，与该患者预后的关系。结果是，按照处方服用药物的患者，与只服用不到四分之三的“不认真”患者相比，不认真患者的死亡率攀升两倍。

另外，令人惊讶的是，对于“认真”的患者，不论给他的处方是真正的药物，还是假的药物，两者的死亡率都很低。也就是说，认真的性格对降低死亡率的帮助比药物的效果还要大。

除了药物以外，其他方面他们也都能忠实地遵守医生的嘱咐，认真努力地疗养。很“认真”地相信治疗的效果或遵从医生的话，结果也使他们恢复的机会增大。认真的效果胜过乐天的倾向。相比很乐观所以觉得治疗上不用太认真努力也可以治好的人，带着这种轻视想法，很早就会殒命。相较之下，多少有些爱操心但会认真努力的人才能长寿。

自杀的人的特征

得到知名自杀学者史奈曼（Edwin S. Shneidman）的协助，傅利曼等人分析了特曼的样本，想要找出使自杀风险升高的因素。傅利曼首先把从幼年期到 30 岁为止的 30 份资料交给史奈曼，请他分析哪个人自杀风险高。当然，那个人最后是怎么样，活到几岁，他都没有告诉史奈曼。

这30人当中，有15人得以长寿，也有到当时仍活着的案例。有10个人已经过世，但是他们是病死或是自然死亡。而只有5个是在四十几岁至五十几岁时自杀死亡的案例。

史奈曼根据他拿到的资料分析的结果，按照自杀风险最高的顺序排序。发现惊人的是，实际上自杀成功的人，在史奈曼的排序中就是被排在前六名的人。以极高的准确率，成功预测了10年以后发生的自杀事件。

史奈曼是从哪一点来着眼分析自杀的呢？

第一个因素他称为“动摇性”。那不是只有容易兴奋、混乱、失去冷静的倾向，还包含了幼年与父母的关系或人生的成功、失败、精神上不健康的征兆（酒精上瘾、抑郁、情绪不稳定）在内。

另一个因素为“致死性”，经常将死亡或意外挂在嘴边或是会思考这些事情，并表现出一些前兆性行为或是失意情绪等“对死亡的意图”。

若更进一步地追究，从自杀死亡的五个人身上看到最重要的共同点，就是他们都感觉自己的人生似乎欠缺什么很重要的东西。感觉自己希望达成的目标与实际状况有很大的距离，因此断定自己没有生存的价值。就算自己努力过，只要没有达到自己的理想，就觉得什么也没有达成。这也是悲剧性思考在发生作用。

“不谈死亡”的特征

史奈曼将访谈调查做成文字记录分析结果后得知：在社会上成功，并且到高龄仍活跃的人，有一个很大的特征是，他们几乎不谈死亡。谈死亡时也不是谈自己的死，而是周围人的死，他们不会用否定的言辞来谈这个无可避免的最后结果，死亡绝对不是结束，而是一个人将他的工作理念或家庭模式，延续下去的一种姿态。

特别是到晚年仍能朝气蓬勃活跃且长寿的人，他们的共同特征就是：即使年事已高，他们仍常对未来抱持着希望，勤恳地继续努力；人终究都会死，那么就不要过着放弃自己的生活；也不会认为只要今天活得安乐就好，无论到了几岁，仍然想着10年、20年后的事情，想要继续向上。

也许周围的人会取笑他“究竟打算活到几岁”。但结果是相信未来且继续活着的人能长寿，将他拥有的可能性发挥到最大限度。

当一个人觉得自己这样已经可以了，然后顺其自然就好的时候，就会开始衰退，不止是认知功能，体力跟生命力都会急速丧失。“反正都要死了，努力也没有用”，当一个人开始这么想，就已经掉进死亡的过程了。

特曼的孩子们在活到七十几岁被问到最后悔的事情是什么时，比起曾做过的事，他们后悔的多是不曾做过的事。比起不去做而换得轻松，去实践而背负辛苦才不会后悔。

为了不要在接近临终时才后悔当初为什么不奋力一搏，若能用尽自己的可能性，抱持着自己的目标持续往前迈进，或许才是最幸福的人生。如果无所事事闲得发慌，反而会一直操心无谓的事，最终可能虚度了没有内容的人生而已。

如何根治悲剧性思考

悲剧性思考，是一种思考的习惯，但是它可以根治。

有效的方法是认知行为治疗。认知行为治疗中，是去找出一个人因认知（对事物的接纳方式）偏颇而产生的自动思考，以修正这个思考为目标。自动思考是在没有自觉的情况下产生的思考模式，是一种思考的坏习惯。悲剧性思考是自动思考的典型，是最有害的东西。

只要有一点点不好的地方，所有一切都完蛋的思考模式就会自动打开。

只是，即便心里明白也很难改过来，这就是人。非但改不过来，甚至知道那是悲剧性思考，被指出来时还会更加固执，“悲剧性思考也没关系，反正都要死了，这种事有什么大不了，我就全部乱搞一通”，这种自暴自弃的想法，有时候会更加严重。被人指责“这是悲剧性思考”这件事本身，就像是自己遭到否定一样感觉到愤怒。会令当事人觉得，你根本不懂我有多痛苦，还在那里说风凉话。

悲剧性思考，与不稳定的依附，或是位于心灵更深处、孩提时代起就受到的心灵创伤结合在一起，因此开关一旦打开，什么道理都没有。一旦被说悲剧性思考是不可以的，就会意气用事地死命抓着悲剧性思考，让它彻底地扩大下去。

即使用一般的方法实施认知（行为）治疗，非但不会改善，大多时候还会讨厌治疗而放弃治疗。就算只是想治疗思考模式，也不会顺利。真正需要的是去治疗不稳定的依附这个根源，因为这么一来就会自然地改变由根本发生的极端悲剧性思考模式。

那么，应该要怎么治疗才好，这个必要条件就是与进行治疗的人培养、维持稳定的信赖关系。为此重要的就是同理心，如实地去接纳。认知行为治疗，是一种去发现并修正一个人的偏差的方法，如果直接进行，是不会产生同理心或完全的接纳。如果是依附稳定的人，他可以率直地接受别人指出自己的偏差，便能去修改，但越是依附不稳定的人，就越会觉得自己被否定、被拒绝了，在心里产生抗拒或反弹，治疗就无法再继续进行。

认知行为治疗的治疗者也是，能够处理困难案例的人，都是能确实做好同理与接纳的人。如果不是这样，那么治疗就只会对依附稳定、容易治疗的案例才会有效。

能不能接受原本的自己

为了跨越这样的界限，产生了一些方法，让背负着依附课题或是心理带着伤痕的人，都能有效改善悲剧性思考，这当中笔者所注意的是引进所谓正念疗法的心理咨询方法。

正念（Mindfulness）就是将梵语中的sati（觉察、领悟）翻译成英语的一个词语。所谓“悟”，就是脱离束缚得到自由的境界。正念指的就是以从束缚中解脱为目标的心理方法，它的起源就是冥想。跟冥想一样，正念对心理与身体都有治疗效果，这点也已得到医学的佐证。

“束缚”，指的是一种价值判断。价值判断就是用一种受限的理想状态去做比较。受限于理想状态的人，就会陷入“不能不……”“一定要”的思考模式。如果偏离这个基准，就觉得不可原谅。因此，偏离基准会使一个人感到焦躁或愤怒，气馁或不安。

为了让心灵从痛苦中解脱，就必须从限制中解脱，这一点，是从包括佛教在内的东方思想中找出的共同见解。只是，就算了解这些知识，也没有任何帮助。如果不能实践，就只是完全没有意义的实务知识而已，这只能从实践中去体会。

自己进行冥想或打禅或许会有帮助。但背负不稳定依附的人，或是从小时候就一直带着心灵创伤的人，所承受的问题太过复杂，仅凭自己的力量无法知道该怎么做才能跨越，这也是实情。即使想要原原本本地接纳，但负面的感情会不断溢出，于是就被淹没了。

就像打禅需要导师一样，正念疗法也必须要有一个引导者。引导者成为一个安全基地支持着那个人，引导他慢慢回顾并觉察。打禅的导师跟精神分析医师也有相似之处——是相当有坏心眼、使人神经紧绷的人。对依附不稳定的人而言，引导的难度相当高。因此在这个意义上，为了能治愈真正需要拯救的人，要成为安全基地，首先就必须要接纳那个人最真实的一切。这么做，才能在那个人的心里培养出如实去接纳自我或他人的思考方式。

因此，在正念疗法中，就不会像精神分析或一般的认知行为治疗一样，去分析那个人或是指出他的接纳方法有偏差，也不会把他偏差的接纳方法纠正为正确的接纳方式。因为如果这么做，对方又会觉得非得朝理想的状态去努力不可，或是认为不是理想的状况就不行。这样等于只是再创造出另一个需要修正的状态了。

在正念疗法中，我们不去做出“是好”“是坏”的价值判断，目标是去原原本本地接纳。讲得更清楚一点，目标是从好或坏的价值观中解放出来。

因为价值判断本身就是一种限制束缚，正因为被束缚限制了，才会觉得一定得怎么样才可以、不是理想的状态就不可以。若是无法按照理想就会形成悲剧性思考，导致绝望或是自我破坏的行为。只要能从束缚中解放，悲剧性思考就会自然减少。

然而就如前述所说，光是心里明白这点也没有用。必须通过心理或身体去实践体验，慢慢习得。在此，正念疗法是让你把注意力朝向被称为生存原点的呼吸或身体的感觉上，去如实地体会那些滋味。以这些为基础，同时原原本本地去接纳辛苦的体验或痛苦的感觉，借由体会这些滋味逐渐得到丰富的觉察。

不是通过原本束缚自己的思考滤镜，而是通过身体的感觉来体会事物，让感受事物的方式扩散。不被大脑里的东西束缚，而是用身体的感受去挣脱语言的束缚，就能记起自己体内存在的生命体验，认识到生存本身。就能再度发现，原来过去觉得是无聊平凡的事，或是觉得心里受伤、总是觉得痛苦的日子，其实是充满各种喜悦与滋味的宝物。

不可思议的是，这样的体验累积起来，不但能矫正悲剧性思考，还能让不稳定的依附关系逐渐稳定下来。所以，即使不特别去矫正悲剧性思考，只要能与成为安全基地的人，一起分享被温暖包围的体验，肯定就能一点一滴地治愈依附关系的伤痕。那是因为这个过程就像被拥抱在母亲的怀里，也像在子宫中漂浮的舒适体验。不只是思考，对身体也有作用，也可以治疗过去受过的伤害。

努力与接纳之间的平衡很重要

事物经常有两面。近年来，完美主义屡屡被当成折磨人的东西，大多被当成否定的东西。正念的思考方式，就浅薄的理解来说，似乎让人觉得是，对严谨的努力或是目标志向采取批判的态度，并且好像想要从这些东西解放出来。

不过，这只是单一面向的理解。“如实地接纳”真正的意义，是连勤勉的努力或目标志向的行动也都原原本本地接纳，但你不需要被这些束缚，以及否定它的好处。

彻底放弃勤勉的努力或野心，就像出世的人那样，是否就算是幸福？相信有许多人不这么认为。应该也有人认为这样的生活方式，只是逃离生存这个战场而已吧。

实际上出世的人，如果能成为足以留名的人，人生也不能算是完全无为。应该说他们曾经过着极其勤勉、非常规律、努力向上生活，也因如此才能够成就他们，足以留名。

勤勉工作的人比较容易长寿，这个事实告诉我们，朝着目标努力的重要性。完全没必要去贬损勤勉严谨这回事，也没必要把“努力”讲得像是坏事。

但是另一方面，如果过于在意眼前看不到的目标或理想，就会忘记休息或是享受人生而产生弊害。为了使人生得到真正的富足，朝着目标勤恳地努力，如实地接纳一切事物，以及懂得享受事物的自由精神，这两者都一样重要。

勤勉如拼命三郎般，眼光完全只看着目标，往往会遗落其他重要的东西。为了享受富足的人生，为了避免过分折磨自己，也应该从理想或目标中解脱，好好珍惜，自由地享受当下。

结论就是两者之间的平衡很重要。肯定真实原本的自我，同时也要朝着新的目标前进。这两者并不矛盾。对于受到稳定依附眷顾的人，很自然就能两者兼顾。

依附情感不稳定的人，由于无法肯定真实原本的自我，就会想尽办法去努力。这时候去勉强自己，当“勉强”出问题的时候，就会导向悲剧性思考。克服悲剧性思考，也可以说就是克服不稳定依附情感的根源，克服位于自我深处的安全感匮乏。

第四章 4

父母的缺席

生离对寿命的影响比死别更大。

究竟是什么机制，使父母亲的离婚或是缺席对孩子的健康或寿命带来负面影响？

生离对寿命的影响比死别更大

父母的死亡或离婚，短期内会影响孩子的精神状态或行为，已经有许多数据可以佐证。但是，要研究有没有长期且持续的影响就有困难之处，几乎没有人调查过，只能以个案来讨论。但特曼–傅利曼的研究也解决了这个难题。父母亲的死亡或离婚，是不是会给孩子的人生带来长期的影响：例如影响寿命。

首先，关于双亲的死亡，答案是否定的。的确，在幼时父母亲亡故在短期内会使孩子们内心动摇，在各方面使他们背负沉重负荷，但是就整体来看，孩子会克服这个影响，但是否影响死亡率或是平均寿命，并没有得到证实。

然而，要放心还太早。令人讶异的是，离婚对孩子健康的影响，比父母死亡的影响更大，这在寿命的统计学上已经表现出有意义的差距。平均起来，双亲离婚的孩子比双亲没有离异的孩子寿命短了约有 5 年，虽然各种因子都已经调查过，但影响孩子的寿命最强的因子，就是父母有没有离婚。

父母的离婚会缩短孩子约5年的寿命。为什么会这样？傅利曼等人进一步研究。

首先，父母亲离婚真的会影响孩子的寿命吗？还是只是表面上看起来好像有影响，实际上并没有关系？有必要看清楚这一点。

例如，有一个可能性：缺乏严谨性的人，假设他们的孩子还是有类似的倾向；而缺乏严谨性的父母，离婚的风险会升高，当他们的孩子也是欠缺严谨性的人格时，寿命就会缩短。是否因为这样，所以恰巧看起来就像是因为父母离婚，孩子的寿命就缩短似的？

这种表面上的影响，并不是因为真正的因果关系所造成的，称为干扰因素。这是因为孩子也遗传了跟父母亲类似的性格而产生的，那就可能只是表面上的影响。

此外还有别的可能性，孩子欠缺严谨性让父母容易吵架，迫使父母走向离婚，这也不无可能。这就是倒果为因的可能性，看起来像是原因其实是结果，看起来像是结果的其实是原因，有时会发生这种事情。

为了确认这些可能性，傅利曼等人调查了父母离婚与孩子人格之间的关系。发现两者没有相关，它们对孩子寿命的影响是各自独立的。不论孩子是不是原本就是严谨的人格特质，若是父母离婚，都免不了会对寿命造成影响。

父母离婚会成为缩短孩子寿命的原因，有事实可以佐证。双亲与孩子的联结越强，伤害越大，特别是对男孩。但若是从离婚前开始，父母与孩子的感情联结就很稀薄，或是因为双亲的敌对状态，使家庭环境十分不稳定时，影响就不大。

当然特曼的样本所处的世代，离婚的人还很少，正因此离婚家庭的孩子更会觉得抬不起头。跟那时相比，如今离婚已很常见，也因此或许影响会变小一点。

但是，在近年研究中，已经确认离婚也同样会对孩子们的心理造成长期的伤害。社会的解体正在进行，家庭或团体组织的支持变得匮乏，孩子们所受的影响也因此变得更为深刻。并不是因为离婚变得很平常就表示可以对此乐观。

不只是因为父母离婚，父亲缺席也是不利的因素。依据某个研究指出，出生时双亲已离婚，或是死别的人，在四十来岁时的死亡率增加了 1.7 倍。数十年前父亲的缺席，当初不觉得会直接与孩子的健康状况相关，却左右了孩子

40 年以后的人生与生命。出生时没有父亲的孩子，就是会背负着这么多的困难。

离婚会缩减寿命的原因

接下来的问题就是，为什么会这样？

由于什么样的机制，使父母亲的离婚或是缺席对孩子的健康或寿命带来负面影响？为了解这个机制，傅利曼等人决定调查他们的死因。分为男女来分析后，结果非常清晰。

在小时候经历过双亲离婚的男性，因为意外或暴力而丧命的概率很高。从这个事实应该可以理解，双亲的离婚驱使他们做出玩命且鲁莽的行为。然而，不只是因为意外或暴力引起的横死，其他各种死因的死亡率也会上升。为什么会有这样的事呢？

与其说是离婚造成的直接影响，不如说是因为离婚产生社会、经济上的困难，可能会使孩子的寿命缩减。实际上，由于父母离婚而对孩子造成生活上剧变的例子非常多。

因此傅利曼等人便调查了伴随着离婚而来的社会经济变化，以及与孩子们后来的寿命的关系。他们发现确实经济上的因素也有影响，特别是女孩子有更容易受影响的倾向。然而经济影响的程度仅能说明一小部分，所以这个结果显示出其他的因素更重要。

他们也调查了与学历的关系。父母离婚的孩子，往往提早终止学业，学历有偏低的倾向。不只是因为经济上的状况，孩子们的向上心也会因为父母离婚而造成阴影。学历偏低或是中途退学，影响将来的就职或收入，使工作上的成就感低落，进而影响健康状况与寿命的可能性也不容否认。

实际调查后，发现男孩因为父母离婚造成学历偏低，进而影响寿命。但这样的影响在女孩身上比较轻微。特曼研究的孩子们所活跃的时代，工作主要以男性为中心，在这层意义上，当时对男性承担家庭重担的角色，要求比现代的男性更为吃重，应该是此原因造成了男女间的差异。

其次浮现的，是我们都知道对寿命有影响的：抽烟或喝酒。因为父母亲离婚使孩子增加了抽烟与喝酒的频率，结果就是缩短了寿命。这个结果令人悲伤，但也一如预测。父母离婚的女性，抽烟、喝酒的频率与程度会增加，成为老烟枪的风险与父母没有离婚的情况相比，提高了两倍以上。这个倾向在女性身上更加显著。或是造成容易有随意的男女关系的风险较高，部分癌症的发病风险也有升高的倾向。

根据报告指出，父母亲离婚的人，也有人际关系范围狭窄、缺乏沟通的倾向。

克服父母离婚的伤痕

父母离婚对孩子的影响会大到这个程度，过去几乎不曾有过这样的认知。不如说社会长久以来一直忽视这样的风险。父亲或母亲也是一个人，过去一直认为，为了尊重一个人的自由，多少有些牺牲也是没有办法的事。

当然父母亲也是因为被逼到没有其他选择，烦恼到最后才会决定离婚。也有些状况是为了保护孩子而决意离婚。只是，千万不要忘了离婚的影响会大到使孩子的寿命缩短。父母离婚是孩子最无可奈何的问题，孩子们也没有方法保护自己。该怎么做才能把影响控制在最小，该如何做才能渡过这个难关?

在特曼的孩子们中，也有父母离婚但之后仍能过着幸福又健康的人生，还能得以长寿的案例，借着调查他们的特征，我们就能得到线索。要成功跨越父母离婚的逆境，关键究竟在哪里?

其实，在那些个案中，稳定的婚姻对生活的安定或健康的维持上，大多都扮演了很重要的角色。即使双亲离婚，背负着家庭破碎的伤痕，他们仍能通过自己建立安定的家庭，来成功克服小时候受到的伤害。

不过就如先前所说，双亲离婚的人，自己离婚的风险也很高，要跟伴侣长年维持稳定关系并不是容易的事。要克服这一点，另一个重要因素就是对工作感觉到有价值。努力认真地工作，在工作中体会到成就感，能感觉到自己是有用的人，也会使负面影响减少。

依附情感的重要性

整体来说，父母离婚会让孩子的寿命缩短 5 年，那是因为除了尝到经济上的不幸遭遇之外，双亲离婚使孩子行为变得鲁莽而丢了性命的案例也会增加，或是提早中断学业等无法充分发挥自我，喝酒、抽烟、滥用药物等风险也会增加的缘故。此外，自己也会离婚的风险增加，也会对健康或寿命产生负面作用。另一方面，虽然父母离婚，但自己遇见了好伴侣，也能够减低对健康或寿命的坏影响。

要理解究竟是怎么回事，在这里帮得上忙的还是依附观点。依附是从幼年开始与养育者之间培育起来的，我们都知道，即便已经培育出稳定的依附情感，父母亲死亡或是离婚，还是会受到伤害。但这样的伤害比起死别，离婚所造成的别离更容易加深伤害。如果是死别，对于父母不在的事实，也无可奈何，就能斩断或是压抑对逝世亲人的依附，没有转变成憎恨的必要。遗留下来在身边陪伴的人，也不会对已逝的父母亲讲否定的话，虽然有丧失感，但内心的纠葛较小。

但是离婚的状况，一般是因为双亲之间有强烈的内心纠葛或反目成仇，孩子会从其中一方口中听到对另一方的否定言词。为了配合一起生活的父亲或母亲，孩子必须压抑着对另一方的依附情感，于是对双亲的感情便有了难以理清的冲突矛盾。这个状况对依附的稳定性是有害的。

离婚之后也不会少了被迫看着双亲在各方面翻脸的样子。如果说孩子是看着父母为模板长大的，比起与他人建立永续且信任的关系，很可能让孩子更加刻骨铭心地认识到的却是，即便曾经有相爱的一段时期，后来也会变成彼此口出恶言、互相憎恨的关系，这是一种脆弱又丑陋的东西。

打从心底信赖他人，建立稳定的关系基础就是依附的机制，但是这个部分一旦受了伤，依附变得不稳定时，就无法拥有安心感或信赖感。依附不稳定的人不只很难持续长久的人际关系，对于必须要有紧密关系来养儿育女也会感到困难，觉得有负担，或是变得控制过度。

虽有逃避亲密关系的逃避型（逃避型依附形式），以及对可以撒娇的对象过度依赖的类型（焦虑型依附形式），特别是后者的焦虑型，会对对方有百分百的期待，一旦不如预期，就会焦躁、攻击，这些都是家常便饭，这种时候也是觉得自己心里受了伤。不只是恋人或夫妻关系容易摩擦，与他人的关系也容易起风波，人生安定不易。

相反地，逃避型的人虽然在情绪上会与他人保持距离，以避开风风雨雨，但是却无法培养真正的信赖关系，往往会孤立自己。

背负着不稳定依附的人，容易感觉到不安或压力，并且无法通过与他人稳定的联系来成功排解这些不安与压力。因此，他们会想靠一些不健全的癖好来纾解。很容易对酒精或是网络、暴饮暴食、购物、与不特定的多数对象有性行为等事情上瘾，而实际上，有上瘾症或是摄食障碍的人，大部分都伴随着不稳定的依附。

并且，依附不稳定的人自残或自杀的风险也高，将来的身心健康也会有恶劣、寿命较短的倾向。

一想到父母离婚会带给孩子在依附上的伤害，并且会使依附变得不稳定，应该也很容易理解这孩子自己将来离婚、酒精上瘾或自杀的风险也会增加。

或者相反地，当他有幸得到稳定的伴侣关系时，就能防止这些坏影响，这也是我们从依附关系会变化为稳定关系想象得到的。要使不稳定的依附稳定化，我们知道伴侣的角色非常重要，傅利曼的研究结果间接地证明了这一点。

第五章 5

运动与饮食，真的有益吗

市面上泛滥各式各样的健康食品，人人趋之若鹜，真的有效吗？都说“要活就要动”，但经常性的运动就真的可以延年益寿吗？

运动真的可以延年益寿吗

“适度地运动”可以促进健康是一般的医学共识。医生经常一开口就会对病人说“请你多走路”，虽然大抵上医生自己运动不足的人也很多。但是，过度激烈运动反而有害，这一点大家也都已经知道。氧气太多会产生活性氧，会变成自由基伤害细胞或DNA，引发老化或是癌症。

很意外，致力于马拉松的跑者，患抑郁症的人很多。他们因为太过努力，太过勉强心理和身体。在一时之间太过激烈地运用心理和身体，还不如恰到好处持续地运用，对身心健康才有好处，这也已经是临床师们的共识。

要说到运动的短期效果云云，我们并不知道真正的有用性。但是最终来说，就是对延长寿命是否有效果？只是，这也是很难比较的问题。原本身体就很健康的人，他们当然经常运动。这样的人跟那些身体较弱，不太运动的人比起来就算活得比较久，也不知道究竟是不是运动的效果。

说运动是原因不如说是结果，因为它也许只不过是间接地表现出健康的一个特征而已。并不是因为运动所以变得健康长寿，可能是因为健康的可以持续运动所以才长寿。虽然留有这样的疑问，但是有许多研究报告仍指出运动的好处。过度地运动虽会有负面作用，但是长期持续适量地运动，对于维持健康是有正面效果的，这已经有许多研究证实。

显著的例子就是一个在丹麦哥本哈根市心脏研究的大规模流行病学调查，长时间调查有慢跑习惯跟没有慢跑习惯的人的死亡率。

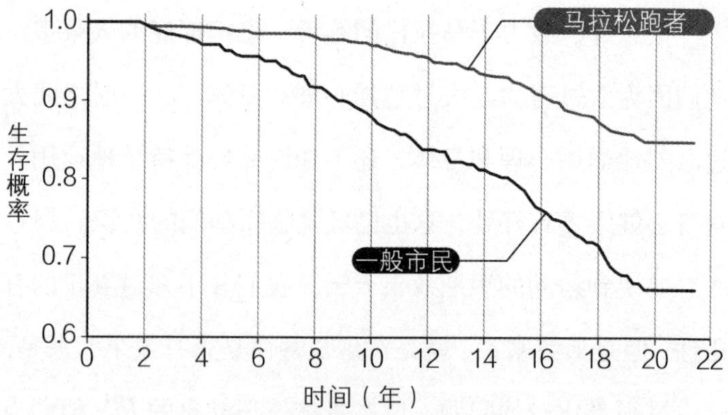

运动与寿命的关系

注：引用“Reduce disability and mortality among aging runners：a 21-year longitudinal study”（Chakravaty et al., 2008）

结果是，有慢跑习惯的人死亡率大幅下降，预测男性平均可以延长 6.2 年，女性是 5.6 年。即使有部分是因为他们健康到可以持续慢跑，所以才会长寿，但是证实了剩余寿命有这么大的差异仍令人感到讶异，运动似乎真的对寿命有正面影响。

上图是马拉松俱乐部的成员与一般市民生存率的比较。马拉松跑者一直维持着很高的生存率，在 20 年后，一般市民已经死亡 30% 的情况下，马拉松跑者只停在 15% 的程度，看得出显著的差异。

即便不到慢跑的程度，走路应该也是可行的。关于健走的效果，日本就有资料。依据宫崎县的大崎保健所管辖、以 14 个市町村为本进行的研究，来看 40 岁男性的平均余命，比较每天步行时间 1 小时以上以及不满 1 小时者，步行 1 小时以上的人平均余命长了 1.4 年，女性的情况则是差了 1.2 年。换算为成长率的话，则有 3%。

1 天有 24 小时，3% 就是 43 分钟了。1 天花 1 个小时以上，也只能延长 43 分钟的寿命，或许有人会认为以时间经济学来说，算是赤字。其实以特曼的样本为对象做的研究中，也提到以运动来达成延长寿命的效果并不显著。

那完全是把走路的时间当成浪费时间来计算。如果走路1小时的当中很享受，又能延长43分钟的寿命，当作是一举两得的想法也很好吧。

在夏威夷地区进行的调查中，以2239名中年男性（年龄在56岁到64岁之间）为对象，调查他们当时的肌肉能力与生活习惯、双亲的寿命，并且在后来历经的44年间调查他们的死亡率。结果发现能够超越百岁的人，跟还不到80岁就死去的人比起来，认为他们有这些特征：①握力较优，位于前面三分之一的人当中也有人达到2.5倍；②不抽烟；③除工作以外每天运动1小时以上；④母亲很长寿。

母亲很长寿跟努力与否无关，但是肌肉的维持或禁烟与1小时以上的运动，都是凭努力做到的。

中年期的运动最重要

只是，年轻时的激烈运动似乎也伴随着风险。以12岁到35岁的运动选手为对象所做的调查（Corrado et al., 2003），运动选手与非运动选手相比之下，显示出前者因心脏病发作的猝死风险增加了2.5倍。这个猝死也包含了比赛以外的猝死。当然运动过度也会有风险，心脏血管系统较弱，或是天生畸形，也很危险。

并不是任何人慢跑或马拉松就可以长寿。有人喜欢跑步，也有些人的身体不适合跑步，做了让人痛苦也无法持续的事，更不能期待效果。并不是去做大家都说好的运动，重要的是，什么是适合自己的运动。就算不特别运动，做些家事，或是在工作中与通勤中做些什么来代替也可以。只能说，包括所有活动在内，且具有恰到好处的活动性，对寿命的延长是很重要的。

傅利曼等人的研究中也说，活动性强且经常运动的人看得出有长寿的倾向，这是历时80年的研究得出的结果。如果说一生中在哪个时期经常活动对长寿来说最有关系，其实是中年期最重要。

例如，即使是在小时候或年轻时经常运动的人，如果到了中年变得不活泼也不常运动，便看出有寿命急遽缩短的倾向。相反，小时候或年轻时并不活泼，也不太爱运动的人，到了中年变得很有活动性也经常运动，最容易获得长寿，否则就容易以短命告终。

前者可以想象是因为本来身体就很强壮，有遗传性体质，后者的情况则相反。但是中年期的生活方式大大影响了寿命，说明了生活方式的重要性不亚于遗传性的体质。就算天生是很健康的体质，要是偷懒不保养，可能会减少自己本来的寿命。相反就算天生的体质不是很健康，但是让生活的活动性逐渐提高，寿命也会随之延长。

限制卡路里从中年开始才有效

跟运动一样，几乎已经证实限制卡路里对延长寿命有效。在老鼠等的动物实验中，将喂食的饲料分量减少一半，得到寿命延长两倍的结果，之后又进行许多追加实验，结果证明限制卡路里能够带来延长寿命的效果。而且也被认为可以预防慢性疾病、维持年轻的身体机能，同时延长寿命。

以啮齿类动物做的研究中，通过限制卡路里，对癌症、肾脏病、心肌症、肥胖、2 型糖尿病、神经退化疾患、某些种类的自我免疫疾病等达到了抑制的效果。直至年老死亡为止，未发生任何病变的个体达到三成至五成。这些数据显示了限制卡路里可能可以预防大部分的慢性疾病。为了得知这样的可能性是否能套用在人类身上，在最接近人类的灵长类身上的研究变得相当重要。

在美国，关于限制卡路里的效果也有两个利用猕猴做随机比较的研究在进行中。一个是威斯康星国立灵长类研究中心（WNPR），另一个则是国立老化研究所（NIA）。WNPR 的研究是将 76 只猕猴分成两组，一组在喂食时限制了 30% 卡路里的饲料，与另一组顺其自然地喂食进行比较。另一方面，NIA 的研究是同样一组限制了 30% 卡路里，与为预防肥胖仍有轻度限制卡路里的另一组来比较。

令人困扰的是，这两个研究显示出相反的结果。WNPR 的研究经过 20 年的卡路里限制进食，抑制了约 50% 心血管疾病或癌症的发病，也能完全防止葡萄糖耐受性低落与 2 型糖尿病的报告。更进一步证实，对于伴随年龄增长的肌肉量减少及大脑灰白质的萎缩都有抑制的效果。

有报告认为，从年轻时就开始进行卡路里的限制，就能完全预防癌症，跟进行轻度限制的人比起来，对 2 型糖尿病的发作可以抑制到一半的程度。与年龄增长相关的疾病造成的死亡，比起对照组的 37%，可以大幅抑制到

13%。只是对于延长寿命，还不到统计学上认定有意义的差距。

另一方面，NIA 的结果是，无论从哪个年龄开始限制卡路里，都无法证实限制卡路里对抑制死亡率是有效果的。

两个研究得出不同结果，则被指出是因为研究是根据每个个体的体重来决定饲料量的。此外，NIA 的研究，则以标准性的卡路里必须摄取量来决定饲料量，这种 NIA 的情况是与轻度限制的群组做比较，有可能因此使差距缩小了。更重要的问题是饲料的成分。

在 WNPR 的研究中使用的饲料，碳水化合物较多，其中蔗糖的比例也高。植物性成分或天然成分较少，加工食品使用较多，这一切都较为接近现代美国的饮食生活。相对，NIA 使用的饲料则是碳水化合物较少，特别是蔗糖比例较少，植物性或天然成分丰富的均衡饲料，是比较接近健康的日本饮食。

就如这件事所反映出来的，NIA 的猕猴不论有没有限制卡路里，都看出比一般猕猴长寿的倾向。这个结果表示不只是限制卡路里，食物的组成也相当重要。配合其他研究整体来看，从中年开始限制卡路里最没有坏处，也最有效。若从年轻时开始限制卡路里，会使死亡率上升，有缩短寿命的危险。并且，高龄者或孕妇、成长期的孩子进行卡路里限制也是很危险的。

作家普鲁斯特体质非常虚弱，深受气喘所苦，他食量很少，一天只吃一餐，请客人吃饭的时候他自己也不吃。孱弱的他能活到 51 岁，可能是因为吃得少才帮助了他，或者如果他吃得更多一点也许会活得更久，这无法得知。但也是美食家的他，喜欢吃的是炸舌鳎、俄罗斯风味沙拉以及炸得酥脆的薯条。

身为一个过着每天只吃一餐正餐生活的人，哲学家康德为此很有名。据说他每天早上五点钟只喝一杯茶、抽一根烟，然后就开始备课或是上课、写作，8 个小时持续工作不间断。下午一点钟吃中饭，那是他唯一一餐像样的正餐。他不吃晚餐，傍晚六点到晚上九点四十五分，是他读书的时间，要是吃了晚餐就会很想睡觉，恐怕这就是他不吃晚餐的最大理由。不论如何，他持续过这样的生活，康德活到 79 岁，在当时来说是很罕见的长寿。

日野原重明对于他自己的饮食是这样说的：

“我知道如果能预防因肥胖造成的血压上升，避免得糖尿病的话，动脉硬化就不会进行得那么快，所以我很小心让自己保持在 30 岁时的体重不要随着年龄发胖。因此，对于糖分的摄取，特别是限制淀粉类或糖质、动物性脂肪，并在饮食中充分摄取蛋白质或维生素、钙质等。”

要延长健康的寿命，肌肉量就不能减少

运动受到推崇的理由，其中之一就是预防肥胖。肥胖会给心脏等循环器官带来负担，也是导致高血压、心脏肥大、动脉硬化、心肌梗死的原因。

特别是高度肥胖无疑会缩短寿命。比标准体重胖30%的人，约会缩短1300日（约三年半）的寿命。相反，过瘦也一样会缩短寿命。

只是我们太过仇视肥胖，认为只要把体重降低就好的想法，反而产生严重的弊害。高度肥胖确实会给寿命带来坏影响，但是如果因为想瘦而使肌肉量衰退，那会更容易缩短寿命。减重必须注意不能减少肌肉量。

然而通常以限制卡路里的方法来减重时，首先一定会减到肌肉。于是就很容易严重复胖。如果肌肉量减少，基础代谢就会减少，就会变成易胖的体质。住院减重的情况

也是，如果不以饮食疗法为中心再并用运动疗法，虽然体重确实减轻也出院了，但其实是变成容易增重的体质，长期来看，不少都会变成反效果。特别是住院时躺在床上的时间很长，害处很大。

只需一个星期的卧床生活，就会减少两成的肌肉。1个月实际上会减少到九成。无论任何人，只要过1个月的卧床生活，就会变得无法靠自己的力量站起来，大腿肌肉等一旦瘦下去，就不容易恢复。必须尽量过着一般的生活，同时均衡采取运动疗法与饮食疗法。

近来都说健康寿命比平均寿命重要，健康寿命就是“不需要人照顾或因为生病而卧床，可以独立健康生活的期间”。寿命再怎么长，如果不能行动自如那就很悲哀。日本人的平均寿命：男性约是80岁，女性达到86岁。但是要是说到健康寿命：就是男性70.4岁，女性73.6岁。男性有10年，女性有将近13年，生活必须接受照顾。

女性的照护期较长，是因为骨质与肌肉量比男性少，容易有骨质疏松症也是原因。维持肌肉或骨质，预防骨折或卧床是急迫的课题。

严谨的人或经常活动的人不只会长寿，到晚年还比较能维持健康的生活，是因为严谨又规律的生活，对维持肌肉的力量与骨质有帮助。

有促进长寿的药吗

从一般药物到保健食品，人类社会充满各式各样的药物。一般来说药物是为了治疗疾病或是预防疾病，可以说目的是为了延长寿命。

然而，许多药物不是为了根治疾病，而是改善症状，几乎没有任何药物可以证明有延年益寿的效果。况且药物必定伴随着副作用，原本的用意是治疗疾病延长寿命，但有不少情况却是得到相反结果，反而缩短了寿命。有时候即使病治好了，寿命却缩短了。

对寿命的威胁，大致区分为与老化无关的因素，以及伴随着老化的因素。前者例如传染病或外伤、先天性疾病、低营养状态等。中年以后最重要的死亡原因，大多是与老化相关的。例如恶性肿瘤、心脏血管疾病、脑血管疾病、糖尿病等。以死亡原因来说，与老化相关的因素占了压倒性的比例。

因此，延长寿命几乎等于是延迟老化。也就是说，比起改善眼前的症状，更重要的是这些药能不能延长健康寿命。各种医药品或食品被提出来当作延迟老化、延长寿命的药物来议论。但是现实问题是，能够证明对寿命有长期效果的，到目前为止只有少数例子。

抗氧化物质对延迟老化有效吗

在这些东西当中特别受到期待的就是抗氧化物质。

随着对老化的了解，使人们广泛认识到，老化是由于累积了活性氧产生的损害。活性氧是伴随着呼吸产生的不安定分子，大多是由线粒体生成的。在线粒体中，葡萄糖与氧生成水与二氧化碳，同时也产生能量。虽然被称为细胞呼吸，但是它会产生活性氧。活性氧非常不安定，会与周围的分子产生激烈反应。因此会伤害细胞与DNA，这些损害累积起来就会造成老化，这就称为“氧化逆境假说”。

因此，要延迟老化、延长寿命，就要摄取有助于防止因活性氧造成损害的抗氧化物质。抗氧化物质的代表，如大家所知的就是维生素C与维生素E，一直以来都大力推崇要多多摄取，现在一定还有很多人仍相信。

实际上，这在基础性研究上也显示出很有希望的结果。只是，研究的内容是给草履虫或线虫投入这些维生素或营养素，看看对其寿命的影响，陆续得到寿命延长的结果，仿佛这效果也在人类身上得到证明似的，在一般大众之间这样的认知也就蔓延开来。

然而对草履虫或线虫有效，就能说人类摄取也真的有延迟老化、延长寿命的效果吗？要用人类来证明确实很难，但至少应该用哺乳类动物来研究证实吧？

最近进行的研究中，结果相当悲观。有些研究反而得到缩短寿命的结果。用田鼠所做的动物实验中，让它们持续食用补充了两种维生素的饲料，结果寿命竟然减少了三分之二到一半！

到目前为止，摄取具有抗氧化作用的营养补给品，可以证明使人类死亡率下降、延长寿命的临床研究连一个也没有。在营养充足的状态下，过度摄取维生素或矿物质可能还有害健康。

除此之外，也有许多食品或营养素、酵素有延长寿命效果的报告，也大多是用线虫或草履虫、果蝇所做的研究结果。因为这些物种的生命周期很短，很适合做短期间的研究。但是，这毕竟不能说对人类会有效果。在这层意义上，最低限度也必须要用与人类同样是哺乳类的白老鼠或是田鼠来做研究，才能认为有延长寿命之效。

然而，仅有少数像表没食子儿茶素（茶叶中含有）、褪黑激素、SKQ1、姜黄素（姜黄中含有）、蜂王乳等，得到对白老鼠等啮齿类动物的寿命有效的报告，而维生素E则是有效与无效两种结果都有。

长年饮用儿茶素或姜黄也被认为有效，果然先人的智慧比起“最新”的科学更可靠。

从安全性来看也是，经过长年饮用或摄取的东西，应该可以说不会有问题。化学合成或是抽出萃取的东西，即便有短暂效果，一般来说长期也是无效，而且还没有任何人可以保证安全性方面没有问题。甚至我们身边的一些食品也都富含维生素C或矿物质，长期摄取过度也有缩短性命的危险。

因为相信钙片等等对身体很好，于是每天很勤劳地吃，摄取过度的结果变成结石，大动脉或心血管里沉淀钙质，造成动脉硬化严重引发梗死。铁质也是，过度摄取使肝脏的铁质沉淀，引发肝障碍。任何事情最重要的都是恰到好处，药吃太多，可能会造成莫大的反效果。

造成寿命缩短的威胁

那么相反地，已经证明对寿命有负面影响的是什么呢？避开那些东西，应该也能够延长寿命。影响最大的是细菌或病毒造成的传染病。过去半个世纪里，医学最显赫的成就就在与传染病的战斗。结核或肺炎等夺走许多生命的传染病，通过抗生物质变成有治疗的可能性。人类平均寿命延长了 10 年到 15 年。

然而，近年来也达到了极限。抗药性细菌蔓延，抗生素无效的事态正在增加中。应该说现在由于抗生素使用过度，可能会造成平均寿命缩短。

另一个威胁就是放射线。放射线会破坏 DNA，使细胞维护困难，是突然发生病变或癌症化的原因。只不过，这个影响很小。自然的放射线与医疗用的放射线影响加起来，经过测算对寿命的影响只有 15 天左右。但是，这是很久以前的事了。现在，因断层扫描等大量暴露在放射线下的情况并不少，搭飞机的机会也一直在增加，风险也上升了数倍。

在文明化的同时，还有另一个威胁就是毒性物质。比起由霉菌等制造出的罹癌性物质，或是毒菇等自然界本来就存在的毒物，现在威胁性更大的是由人工合成的各种化学物质。那些东西现在深植于生活中，在不知道的情况下接触与摄取。

烟、铅或水银等重金属、二噁英或 PCB 等化学物质、药品、兴奋剂或麻醉药、酒精应该都能列在名单上。这当中，最切身的毒就是香烟与酒精。根据某个测算，因为抽烟缩短的寿命，男性的情况据说是 2250 日（约 6 年 2 个月）。跟喝酒的 130 日比起来，我们知道危害甚巨。关于喝酒的影响，因为是比较喝酒的人跟不喝酒的人所算出来的数字，所以低估了。如果饮酒超过一个限度，无疑会大幅缩减寿命。

酒精会使维生素 A 或蓄积在肝脏内的辅酶 Q10 等抗氧化物质大量减少。因为饮酒而损及对活性氧的防御，使细胞或 DNA 容易受到损害，结果就是促进老化。降低胆固醇的药也会减低抗氧化物质的作用，服用胆固醇的药时，更容易使饮酒的坏影响加倍。

只是，酒精也被称为“百药之长”。因人而异适量小酌，有时候也会促进健康。歌德据说一生喝了 5 万瓶红酒，他在当时还是特别的长寿，活到 82 岁，因此至少对歌德来说，红酒似乎并没有那么毒。

想长寿就要戒烟

是作家也是编剧的井上厦，是公认爱抽烟的人，甚至曾说出抽烟跟肺癌没有关系的豪语。然而在发现自己得了肺癌后，便老实地承认有因果关系并且戒烟，但是为时已晚，在第二年去世。即便如此他一直过着被截稿日追赶的严酷生活，他能一直工作到 75 岁逝世前，也是因为对工作的热情与勤奋带来的恩赐吧。

创造出米老鼠，并陆续催生出“白雪公主”“欢乐满人间”等作品的华德·迪斯尼，从年轻时候起就是老烟枪，即便大家劝他戒烟，也都充耳不闻。到了初老的年纪便开始出现支气管炎的症状，为了严重咳嗽而烦恼，即便如此他仍然没有想戒烟。

而且，当孩子们离巢，只剩夫妻两人生活的时候，为了排遣孤独而开始依赖饮酒。作为一个创作者跟一个企业家，一直持续勤奋地工作，华德在过了60岁之后，身体状况就很差了。

就像等不及日落似的，华德每天晚上都要啜饮威士忌或鸡尾酒。为了想要排解因颈椎变形的麻痹和痛楚，酒量一直在增加。身旁的人都很担心他会不会酒精上瘾。64岁时，为了颈椎手术，在术前做胸腔X线检查，在肺部发现了数个肿瘤。他立刻接受手术，并实施钴治疗。

他展现出想复原的意念，在病房里对佛罗里达建设中的迪斯尼乐园与新的卡通电影陆续发出指令。虽然暂时出院了，但不到一星期又不得不回到医院。在病房中读剧本显示出他对工作的热情，但是同时他也了解到自己死期将近，华德开始整理身边的事。不到1个月，华德便去世了，是他在病房里庆祝65岁生日过后10天的事。他对着探病的友人说，如果还能再活15年就好了。如果没有酒精与烟，就算不到15年，他应该也还能再活10年吧。

第六章 6

婚姻与寿命的关系

幸福的婚姻或是不幸离婚，在当事人的人生中暗示着，这是在他（她）更早以前的人生就具备的特性，只是以幸福或不幸的婚姻表现出来而已。

单身男性会短命吗

1979年，美国某医学杂志发表了缩短寿命的风险，引发热议。在这个有争议的列表上，男性单身被当作是缩短寿命最大的风险。估计损失的寿命是3500日（约长达9年7个月）。这比抽烟造成的损失2250（约6年2个月），幅度更大。另一方面，女性单身的影响就小很多，是1600日，计算出来不到4年5个月。

从那时起到今天为止，许多流行病学调查的结论，就是结婚的人会活得比较久。

在日本人口统计上也可以看出同样的倾向。1995年的数据中，相对于有配偶的男性在40岁时平均余命为38.4岁，未婚的男性余命则是30.4岁。两者之间相差了8年。

只是，跟以前比起来，余命的差距变小了。在1970年时，有配偶者40岁时的平均余命是33.7岁，相较于此，未婚男性则是22.7岁，差距有11岁之多。过去没有结婚的男性以身体虚弱的人居多，但是近年来则是与身体强弱无关，是不结婚的男性增加了。

未婚者与已婚者的比较

那么，若说结婚就表示安稳了吗？也不能这样讲。得到所爱的人就等于也有失去的危险。配偶的死亡，被视为是压力最大的事件，其次就是离婚，会导致之后的死亡率上升。

例如，在某个美国的研究（Kaplan&Kronic，2006）中，在 1989 年，调查在国民健康访谈中对象为 19 岁以上的 35 000 余人，在那之后 8 年内的死亡率与婚姻状况之间的关系。8 年内，有 8.8%的人死亡，比起夫妻共同生活的人，配偶先离开的人死亡率高了 39%，离婚或是分居的人则高了 27%。而比这些风险都更高的，是未婚的死亡率，比起已婚的死亡率还高了 58%。

在其他的研究（Lund et al.，2004）中，与妻子离婚跟不结婚一样，男性死亡的风险大增。39 岁的男性中，跟已婚的男性相比，离婚或未婚的人死亡风险分别是 3.1 倍跟 3.5 倍。40 岁期间的死亡率相关的其他因素，如精神科住院的经历、出生时的体重、出生时母亲的婚姻状况、父亲的社会经济状况、有没有自己的孩子等因素都考虑进去后，离婚的人与未婚的人死亡风险无论何者都显示出 2.4 倍的高数值。

在日本甚至还发生逆转现象。以 1995 年的数据来看，有配偶的男性在 40 岁时平均余命是 38.4 岁，未婚的男性是 30.4 岁，但相对于此，与妻死别的男性平均余命则缩减到 35 岁，与妻离婚的男性是 28.7 岁。与有配偶的男性相比，与妻死别的男性减少了 3.4 年，离婚的男性实际上则减少了 9.7 年的寿命。也就是说，就算好不容易结了婚，但如果发展成离婚，则有比未婚的人寿命还要缩短的危险。

日本人跟欧美人比起来，拥有容易感到不安的遗传基因类型的人较多。离婚带来的损害比欧美人还要严重，或许也容易拖得比较久。

从 1960 年到 2010 年的这半个世纪当中，男性的平均寿命从 65.3 岁延长了 14 岁多，来到 79.6 岁。然而这也到了极限，今后即使能完全克服癌症，据说也只能延长平均寿命 3 年左右。离婚这件事，甚至有可能把这种医学带来的恩惠给一笔勾销。

女性的情况也是，虽然与配偶的死别或分离也会有影响，但影响不像男性那么大。以 40 岁女性的平均余命来比较，比起有配偶的人，死别的情况会缩短约 2 年，而离婚的情况会缩短约 5 年的平均寿命。可以说影响程度只有男性的一半。

特曼的样本中，甚至观察到一个更惊人的倾向。丈夫先去世的人，有比跟丈夫一起生活的人更长寿的倾向。光看日本的数据，从 1955 年到 1995 年这段时间，也没有发生逆转的情形。仍认识到同样的倾向，就是在 40 岁时成为未亡人的女性，缩短的余命正好是 2 年左右。

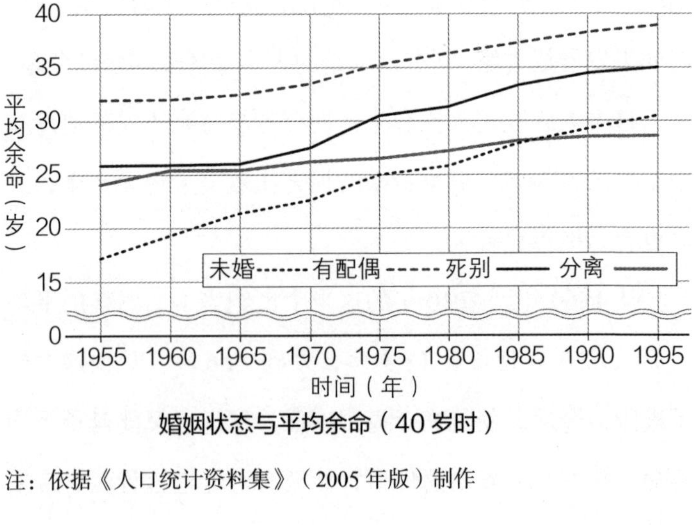

婚姻状态与平均余命（40 岁时）

注：依据《人口统计资料集》（2005 年版）制作

然而如果丈夫死亡的时期是稍微再往后一点，像是经济上比较没有那么辛苦的情形时，因为在妻子身上的压力跟负担减轻了，丈夫先死的人，反而可能会出现妻子很长寿的逆转状况。

相对于此，若妻子先走一步，男性会感觉沮丧气馁，随后便追随而去的情况很多。特曼自己也是，在妻子走后 4 个月死去。作家江藤淳则是在妻子因癌症死去后，得了重度抑郁，自己结束生命。越是珍惜妻子、依赖妻子的人，伤害就越大。

某个医师前辈，在知道自己可能罹癌的时候心情并没有受太大影响，但是当他太太可能罹癌时，他就变得很颓废，还半开玩笑地对我说："早知道会这样，当初交个情妇就好了"，让我印象很深刻。对男人来说，一个人被留下来，比他自己可能会死还更加焦虑不安。

年轻时就结婚的人

不结婚是寿命的负面因子，正值生殖年龄的男性这样的倾向特别显著。以 19 岁到 44 岁的年龄层来看，未婚男性的死亡率达到已婚男性（调查时间点的婚姻状态）的 2.1 倍。相较之下，45 岁到 64 岁的男性是 1.6 倍，65 岁以上是 1.1 倍，死亡率的差别几乎消失，随着年龄的增长，未婚者的死亡率上升幅度也有缩小的倾向。也就是说直到年老时一次也没结婚的男性，死亡率与已婚者就没有什么差别了。

这显示出，比起年老没有配偶的孤独，活泼的生育年龄时期没有配偶可能更加有害。若能平安地度过生育年龄，单身就不再是那么不利的事情了。

未婚男性的死亡率高的原因之一，是意外或自杀等的外在因素死亡（已婚男性的 2.4 倍），已婚的男性，遭遇不测的危险性较少。年龄提高后，未婚男性因为心血管疾病（心肌梗死等）死亡的危险较高（已婚男性的 2.4 倍），可能也是因为生活习惯的问题，也有可能是由于没有适当地处置或治疗。要注意营养、看医生等，有一个会这样对你唠叨的人，会使你的寿命延长。

另一方面，女性的情况是，不论是否正逢生育年龄，对死亡率的影响都不大。19 岁到 44 岁的年龄层，未婚女性的死亡率仅止于已婚女性的 1.7 倍，45 岁到 64 岁、65 岁以上这两个年龄层，死亡率的上升是 1.5 倍，并没有因为年龄层的不同改变太多，可以解释为女性的寿命与生育年龄无关。

单身者长寿的秘诀

像这样的单身生活，特别是男性，看得出对寿命有负面作用的倾向。但是，并不是说大家都会早死。这完全是平均值的问题。

把终身单身的伟人名字列出来，会发现诗人兰波 37 岁、宫泽贤治 37 岁、卡夫卡 40 岁、齐克果 42 岁、果戈理 42 岁、莫泊桑 43 岁、波特莱尔 46 岁等等。短命的人确实有，但是像安徒生 70 岁、叔本华 72 岁、康德 79 岁、牛顿 84 岁，在当时长寿的人也不少。

这些长寿的案例中，安徒生跟牛顿都是很小的时候父亲就去世，在不稳定的环境中成长。两人都不是很健壮的体质，牛顿还曾经得过抑郁症，有一段时期精神状况很混乱。

而叔本华没有得到母亲的爱，父亲也自杀了，自己也从小就受到抑郁症所苦。

唯一只有康德，在家庭的爱护中成长，但是大学时父亲过世，不得不休学，因此他后来有很长一段时间一面当家庭教师，一面过着屈居人下的生活。虽然遭遇这样的考验，尽管他并没有得到能共享苦乐的伴侣，一生都保持单身，仍然能长寿以终。他们之所以能长寿的因素是什么呢？

他们的共通点就是比起社交活动，孤独的思索与爱好读书的倾向更强烈。规律的生活，勤奋、谨慎地过着节制的日子，金钱上也是节俭而注重细节的人，讨厌浪费。并且，除了叔本华之外其他三人都被怀疑可能有自闭症倾向。另一方面，叔本华也被认为因为被母亲忽略而有逃避型依附障碍。牛顿与安徒生则恐怕是两者兼具。

康德规律的生活非常有名。他很讨厌规律的生活被破坏，所以几乎没有离开过柯尼斯堡。而且他喜欢单独行动。他那比时钟还准时的散步时间，也一定是一个人去。他的理由是，因为散步中说话，冷空气会跑进肺里。但是，吃饭的时候却例外。他经常会一面畅谈一面吃饭。

牛顿也有类似之处。他的性格十分谨慎，年纪大了对健康的注意到了神经质的地步，但是他在40岁后半段得抑郁症之前，完全是中了工作之毒的人。他极为勤勉，对享受闲暇娱乐完全没有兴趣。也不会为了转换心情去骑马或散步，几乎一步也不离开研究室。不但如此，也常常忘了吃饭与睡觉熬到深夜两三点很正常，也曾经研究到天快亮。还曾经6个星期不间断一直研究。他不喜欢社交，也不像康德有聚餐习惯。幼年时期不幸的境遇，让他内心深植着对人的警戒心。

如果牛顿一直过着像这样的生活，恐怕活不到84岁。牛顿很幸运的是，在54岁时获得了皇家造币局局长的稳定地位，开始能够适当的享受社交生活。于此帮助很大的是跟他同住的侄女凯瑟琳。17岁的凯瑟琳，是充满智慧且极具魅力的女孩，给牛顿的生活带来许多良好的刺激，同时也成为在出入牛顿家的名人之间很受欢迎的人物。

后来一直照顾牛顿晚年的，也是凯瑟琳和她的丈夫。

婚姻越长，对寿命越有好的影响

为了调查结婚的效果，自然需要长期的追踪调查。在这当中最长期的研究之一，就是从1968年到1985年为止，历经17年，以超过11 000人以上为研究对象所进行的调查（Lilard&Waite，1995）。结果发现，婚姻越长，对寿命越会产生正面影响。也就是说，重要的不是有没有结婚，而是婚姻能够稳定维持多久。

在离婚的状况下，男性若持续单身就容易对健康或寿命有负面影响。离婚后一个人生活的时间越长，死亡率就越高。在 39 岁的时点，离婚未满 5 年的人在后来 10 年内死亡的风险，比有婚姻状态的人增加 1.7 倍，离婚期间 5 年以上不满 10 年的人则是 2.4 倍，离婚 10 年以上的人则会变成 4.6 倍。

比起离婚本身，一直拖着离婚的伤痕且长期一个人生活似乎更会对寿命有坏的影响。

男女情况大不同

男性若与妻子离婚或是妻子先走一步时，容易缩短寿命，这在以特曼的样本进行的研究中也显示出这样的结果。

而男女情况大不同。因为结婚而得到重大利益的，明显是男性。女性虽然也有得到好处，但没有男性这么多。相反，当以某种形式失去配偶时，会受到重大打击的也是男性。

如前所述，在特曼的样本中也是，离婚明显使男性的寿命缩短。婚姻能持续的人，大部分都能活到 70 岁以上，但是有离婚经验的男性比例则不满三分之一。再婚则可以在某种程度上防止寿命的缩短，但是效果并不充分。即使已经再婚的人，平均寿命也比能维持婚姻的人来得短。不只如此，一直保持单身的人，活得也比有离婚经验的人还长久。

这个结果也符合前面提到其他研究的结果。单身会影响寿命，是从年轻的时候到中年时期为止，65 岁以上还单身的人，死亡率反而不会有太大的上升。

特曼的案例是历经了80年直到高龄为止的追踪调查，因此能够掌握且区别出单身对年轻时与年老时的影响。

那么，女性的情况又如何呢？虽然女性也一样，维持稳定的婚姻有使寿命延长的倾向，但是跟男性比起来仅有一点点的程度。相反，离婚的情况也并不像男性如果不再婚就会早死。离婚后没有再婚而一直保持单身的女性，跟婚姻生活一直很稳定的女性的寿命几乎没有什么不同。反复离婚又再婚的女性反而寿命较短。

离婚后即使一个人生活，跟男性比起来不好的影响小很多。

而且，一直维持单身的女性，她们的寿命虽然比只结一次婚，过着稳定婚姻生活的人短，但是比结两次婚以上的女性来得长。无论是终身守寡也好，维持单身也一样，对女性来说都不算太糟的选择，比起多情多爱波澜重重，人生历尽沧桑为情憔悴的人来说，或许还能活得更长一些。

不过，若以生物学上来说，可以说她们仍持续等待着身为女性的可能性，或许也是因此而推迟了老化吧。这应该值得开心，但也可以说是痛苦牺牲的结果吧。

容易离婚的共同点

如果说婚姻是否能长久维持会左右寿命的话，那么为了长寿，婚姻生活的成功就变得很重要。就算再怎么努力运动或是拼命减重，半年做一次健检，吃一堆健康食品或营养补充品，但却与伴侣之间关系不佳而离婚，就会使死亡的危险大幅上升，你为了健康所做的努力都会被抵消。

如果你想长寿，选择一个良好的配偶、经营稳定的婚姻生活是最好的。然而，已经选择的伴侣如今就算想分开，那又得离婚、再婚，必须慎重处理，这份劳心造成的压力又会再缩短几年寿命。

关于离婚，大家都想把责任推到配偶的性格上，但是在这之前必须先回头看看自己。如果自己的性格本来就很容易跟伴侣发生摩擦，那无论你换几个伴侣，都有可能会重复同样的情形。当你察觉到这一点的时候，人生也差不多要结束了。

那么，容易离婚的人是否有什么共同点或类似的性格呢？与伴侣的关系不稳定，是不是因为人格上哪里有缺陷呢？或是反过来说，为了维持稳定的婚姻生活，我们需要什么样的伴侣呢？为了能得到这样的人格特质，我们又能做些什么呢？

对这样的疑问，在特曼–傅利曼的数据中也已经透过80年的时间给了我们答案。

庞大数据所厘清的一个事实就是，不曾遭遇过父母离婚的人，比较容易经营稳定的婚姻生活。通过其他研究也已经证实，遭遇父母离婚的人，自己离婚的风险也高。这个倾向，特曼的样本之外的研究中也有报告。

这个事实，用精神医学的最新见解来重新解读的话，可以理解为，由于父母的离婚带给孩子依附上的伤害，使孩子的依附形式变得不稳定，因此使离婚的风险增加了。

在近年的研究中得知，不稳定的依附也是离婚的风险因素。依附不稳定的人，离婚的风险是依附稳定的人的两倍。

幸福的婚姻或是不幸离婚，在当事人的人生中，绝对不是只发生在婚姻中的事，而是暗示着，这是在他更早以前的人生中就具备的特性，而以幸福或是不幸的形式表现出来而已。我们倾向认定，并不是因为有了幸福的婚姻所以他才幸福，也不是因为有了不幸的婚姻所以才不得不离婚。得到幸福婚姻的人，是在结婚前的好几年前就已经有了幸福，拥有稳定的依附形式，而尝到离婚不幸滋味的人，在结婚前好几年就已经不幸，拥有不稳定的依附形式。总之，这告诉我们幸福会召唤幸福，不幸会招来不幸，这样悲哀的情况很容易在现实里发生。

而且，是否拥有稳定的依附，不只影响一个人的安心感、正面或负面的心态。幸福感，还会成为婚姻与亲子关系这种亲密关系上更重大的决定性因素，如果这么想的话，应该就能释怀了。

不过，即使是拥有不稳定依附形式的人，也有人能够过着稳定的婚姻生活，得到幸福。比起安定型的人来说，比例上较少，但是确实有能把不幸变为幸福的人。

频繁更换伴侣的深层心理

能维持稳定婚姻生活的人，人格特质有什么特征呢?这样的人在小时候多被认为是勤勉诚恳认真的性格。谨慎、责任感强的孩子，长大之后就比较容易能经营稳定的婚姻生活。

请你回想一下，严谨性、诚恳性就是对长寿有利的条件。然而，离婚会使一个人的寿命缩短，是因为离婚带来的直接与间接伤害，但是容易离婚的人本来就具备的性格，也会使寿命缩短。容易冲动、受到欲望与情绪影响，无法有目的、有计划地行动，不只容易导致离婚，还会使离婚后的伤害或生活更加混乱，难以保护自已远离饮酒或上瘾性的行为，就像失去刹车一样耽溺于恶习，也会造成健康的损害。

更进一步必须考虑的是，离婚的破坏性影响会波及依附情感。即便原本是拥有稳定依附情感的人，如果因为配偶的背叛或攻击等，走上离婚，这个过程一般也会让依附形式受到严重损害。对人的信赖感与安心感也是，已经不可能跟当初因为对配偶的由衷信任和稳定的情感牵绊时一样了。

依附的损害即使是发生在与配偶的关系中，通常也会伤及与他人的人际关系。曾经有过非常痛的分手或离婚经验的人，一般很难立刻再去真心地接受其他人。原本越是依附稳定的人，就越是如此。因为依附情感受了伤害，而不想再去寻求其他人。

然而当中也会有人一旦分手，就会立刻找一个人取代，需要那个人的支持。这种情况我们认为他本来就带着不稳定的依附。也有些情况是在被抛弃之前先下手为强，自己先提出分手然后跟别人交往。因为他只能用这种方法保护自己。正因为带着依附的伤，所以更无法忍受分离。

把另一个人理想化，用来欺骗自己，粉饰自己的失望，但是自己并没发现这是一个骗局。新的“救世主”有一天也只会让你走上同样的命运而已。这样的人经常会去追求理想的对象，但又会一直重复着失望。

追本溯源，是因为他们没有从父母身上得到稳定的爱与关心，所以一直想要挽回在父母身上尝到的失望。想尽办法要弥补依附的伤痕，却又再度受伤，这种类型的人，人生就是一再地重复这个过程。

就连原本依附很稳定的人，离婚都能造成很大的损伤。

更何况，原本依附就不稳定的人，就算再怎么努力欺骗自己，还是很难避免伤痕再现，便会受到更大的伤害。结果就是使依附变得更加不稳定，对自己也好、对别人也好，对未来或对世界都无法有确定感，为了填补这些空虚与自我否定，会走向各种嗜瘾或自我破坏的行为。那会有害健康，容易缩短寿命，这是很容易理解的演变。

如何克服缩短寿命的风险

由于不幸的养育环境而带着不稳定的依附，因为与生俱来的气质而不擅长有计划或勤勉严谨的行动，该怎么做才能减低风险呢？还有，已经离了婚、依附情感受重伤的人，或是数度结婚而又离婚的人，要怎么做才能把寿命缩短的风险降到最低呢？

这种情况，特曼的数据给了我们一个暗示，就是离婚又再婚的人，再婚时间越长，就越能抑制死亡率的上升。这个从特曼的样本中得到的结果，也符合了以后来的世代为对象的研究中所得到的结论：婚姻时间越长、离婚时间越短，特别是对男性而言，会明显使寿命延长。

而直接相关的是与决定依附形式上最重要的幼年期，以及幼年期与母亲的关系；另一方面，长大后左右依附最重要因素是与配偶之间的关系。与伴侣之间维持稳定的关系，可以治愈不稳定的依附，使它变成稳定的依附，而相反的状况也可能发生。

为了矫正不稳定的依附使其变得稳定，可能会有人认为这是否就是同语反复的循环论证。或许会认为这是因果关系无限连锁的恶性循环，是无法停止的。但事实上这个恶性循环是可以停止的。恶性循环之所以无法停止，原因之一是因为依附不稳定的人，大多都会选择同样依附不稳定的人为伴侣的缘故。因为带着同样伤痕的人容易给他们安稳，有共鸣的感觉。

另一个原因，就是与依附不稳定的人往来，依附稳定的人自己也会变得依附不稳定，这样的情况并不少见。

那么，本来依附不稳定的人在得到稳定的依附时，是发生了什么事呢？这样的案例共通点是，伴侣不会因为依附不稳定的人而跟着动摇，而会持续维持不变的关系。

这样的状况也有两种：一种是依附极其稳定的人面对不稳定的人毫不动摇，持续支持对方。而另一种则是不稳定依附的人，完成了支持另一个依附不稳定的人的任务，从中找到生存的意义，因此不只治愈了自己的依附伤痕，也治愈了对方的依附伤痕。

前者的情况是，支持者对任何人来说都是一个稳定的存在，可以说是一个被爱的存在。后者则是支持者有时也会表现出不安定的一面，但在与对方的关系上是奉献付出，负责任的存在。行为举止表现得就像是良好的父母一样，很热心地照顾他。于是，付出爱的照顾不只能治疗对方依附的伤痛，也会治愈自己的依附伤害。因为，那就是年幼时原本父母应该要给予却怠忽的。要找回这个部分，要不就是自己被深情地照顾，或是反过来，自己变成像父母亲一样照顾对方。即使立场互换，也能够得到效果，因为依附是互相的，与其说只有小孩会受益，不如说对父母亲也可以带来恩惠，是一种互惠关系。

长久稳定的关系能迈向长寿

那么，跟什么样的伴侣结合能使人长寿呢？最应该优先考虑的，就是能否维持稳定的依附关系。因为婚姻生活越是能保持良好的状态，不只能得到幸福更能延年益寿。

能否维持稳定的依附关系，只要交往 1 年，就几乎可以预测了。就像用 1 岁时与母亲的依附稳定性，就能预测出七成后来的依附稳定性，是一样的原理。

交往一两年，几乎每星期都在吵架的话，毕竟很难挨过长久的风风雨雨。就算能够维持，也要付出许多牺牲。平常很稳定的人，跟那个人开始交往就变得不稳定，就应该发现这是不太好的讯号。相反，平常有不稳定之处的人，与一个人交往后稳定得判若两人，这可以说就是好的征兆。只是，交往时间太短，有时候也无法完全掌握依附是否真的稳定。是不是可以从只是恋爱的阶段，移转到感情长久持续的依附阶段，要看清楚这一点，至少必须要花一两年的时间。

如果说只是及时行乐，或是只对性爱有兴趣，便不得不说这段关系的未来是黑暗的。如果能发展到会关心共同生活、拥有孩子、将来要一起努力的梦想，便可以说两人之间已经培育出依附情感了。此外，不体贴的态度或随便不在乎的倾向、过度依赖或是过度冷淡的倾向，都是在暗示着不稳定的依附。

与年长自己很多的异性结婚

爱情跟年龄没有关系，但是伴侣的年龄或是两人的年龄差距与寿命有关吗？令人讶异的是，答案是肯定的。

依据德国的马克斯普朗克人口统计学研究所，以丹麦的200万组夫妇为基础进行的调查，与年长许多的女性结婚的男性死亡风险增大，但相反，若是与比自己年轻7~9岁的女性结婚，死亡风险会减少11%。

女性的情况就稍有不同。与年长许多的男性结婚时，同样的男性有寿命缩短的倾向，但若与比自己小7~9岁以下的男性结婚时，寿命不会延长，反而死亡的风险会提高20%。

男性与年轻的女性结婚，对寿命会有好影响，女性则要与年龄相近的男性结婚，才对健康有益。

不过，这完全只是一般的倾向。以“推理女王”著称的阿加莎·克里斯蒂，在39岁时到中东旅行认识了小她14岁的考古学家马克思·马洛温。当时，阿加莎在前年离婚，把女儿留在英国的家中自己去旅行。然而却在途中获知女儿突然得了急病，这时马克思便陪着阿加莎来到伦敦。幸好女儿的病痊愈了，马克思便向阿加莎求婚。

阿加莎一开始对马克思的求婚有所犹豫，但后来还是接受了他的爱。结婚之后到她 85 岁去世的 45 年间，两人过着罕有的幸福婚姻生活。马克思是一个有学者气质的人，并不耀眼，因此比起肉体，两人更珍惜在精神上的满足，这对阿加莎来说或许也正好符合她的需要。

马克思在阿加莎死后两年也随着她去世。

长寿的卓别林

在这层意义上，前述提到卓别林的例子，在很多地方其实值得研究。

父母很早就离婚，母亲一人把他带大，但是母亲在他 12 岁时就得了精神病。在贫困与缺乏爱、精神上也不安定的恶劣环境下长大的卓别林，当然带着严重的依附障碍。他的萝莉控情结与反复离异的婚姻，就是因为他一直带着孩提时代的不安定。

这样的他，就算跟当时许多喜剧演员一样酗酒、早死也没有什么好奇怪的。但是，尽管他在与女人交往方面一直重复失败，却得以长寿。这是为什么？

理由就是前面说过的，卓别林在工作上极为勤奋且一直持续。他经常都在思考电影，这一点他从来不怠惰。之所以能够不像父亲那样酗酒，就是因为他在工作上很勤勉。

另外还有一个理由就是，他最后一段婚姻非常幸运。54 岁的卓别林与后来成为他的最后一任妻子——威娜·欧尼尔邂逅时，威娜还是个 18 岁的小女孩，任谁看了都不觉得这段婚姻会顺利，却一直维持了 34 年直到卓别林死去。他与威娜之间生了 5 个孩子，尽管在工作上他的后半生充满苦难，但在私生活上他却过着值得称颂的稳定生活。与威娜的婚姻对卓别林来说，使他终于克服了不稳定依附这个人生最大的课题，而得以避免早死的风险。

两人婚姻成功的关键在于威娜的恋父情结。威娜是剧作家尤金·欧尼尔的女儿，但是因为双亲离婚而失去父亲，对父爱有殷切的渴望。有萝莉控情结的卓别林，对威娜来说是一个理想的父亲，因此符合了彼此的需求。伴侣关系果然还是必须要两者需求一致才能长久。

丈夫的幸福度左右着夫妻健康

特曼搜集的庞大资料，涵盖到参加者的中年。只要使用这些数据就能够得知直到中年为止的婚姻生活质量，与进入老年之后的健康状况的关系。特曼实在是位十分周到的研究者，很仔细地搜集各种资料。以当时来说，就连抗拒感还很强的性生活频率与满意度，都尽其所能地调查。

从运用这些资料所做的研究来看，可以发现一件很有趣的事。年纪增长后的健康状态，反映出了婚姻生活中夫妻双方的幸福度，这样的事情都含括在预测范围内。然而男性也好，女性也好，对老年期的健康状态来说影响最大且值得讶异的，并不是妻子的幸福度，而是丈夫的幸福度。

这是令人有点难以理解的关系，我们就用具体的范例来说明吧。若你是男性，在三十来岁时对婚姻生活感觉到幸福与满足的话，那么你年老时健康又幸福的可能性就很高。相反，如果你感觉婚姻生活很悲惨不幸，那年老之后就会经常生病，容易过着不幸的晚年生活。

可是，当你是女性，情况就不同了。就算感觉到婚姻生活幸福且满足，仍相当不能确定你是否能过着幸福的老年生活。应该说，左右着你是否能过着健康幸福老年生活的因素，是丈夫是否能感觉到婚姻生活幸福与满足。

确实，这也跟时代背景有关。特曼的研究对象所生活的年代，是以男性为经济来源，丈夫的成功与否左右着妻子在经济、社会上的安定程度，甚至还会成为年老之后健康或幸福的决定性因素。然而，这样的倾向，在以更新一代的世代为对象所做的研究中也被认可。丈夫的不幸比妻子的不幸更会对夫妻的命运带来破坏性的影响。

这个典型就是家庭暴力。丈夫的拳头占优势，又具备了强烈的攻击性，因此当他爆发时，受害的程度也越大。在这种状况下，应该没有人是因为觉得自己很幸福才行使家庭暴力。因为觉得自己被蔑视感觉到不幸，才会想让对方也尝尝痛的滋味，或者是想用力气压制对方。

丈夫感觉不幸，对妻子来说就会发生不幸的状况。问题的根源就在于，不幸的原因也许跟妻子无关，却大多是在认识妻子之前，就已经不幸了。

丈夫一定期待妻子能将自己从不幸中拯救出来。但是，非但无法拯救，当丈夫感到自己被蔑视、被瞧不起时，就会开始家暴。丈夫不是在跟现实中的妻子战斗，而是在跟自己的不幸奋战。或者，他是在跟带给自己不幸的父母奋战。他原本期待妻子跟父母不同，会爱自己，但当他发现不如期待的时候，他的愤怒会转成暴力。结果就是，家暴的丈夫带着不稳定的依附，然后自己被它耍着玩。而刚好经过的妻子，只不过是无端被牵连而已。

但是也有可能变成不同的故事，两人也有可能步上截然不同的人生。方才的结论，可以说就是在告诉我们这件事。

如果能建立起使丈夫由衷对婚姻生活感到满意的关系，丈夫就会更稳定，在社会上更活跃，或许也能给妻子带来同样的福分。

然而现实是，丈夫把自己的不幸怪罪给妻子，而妻子无法忍受丈夫不当的责难与要求，当妻子企图优先保护自己的瞬间，两人就注定了要错过。丈夫对自己的顺位被摆到后面而感觉愤怒，于是便用忽视或是暴力、背叛来响应。

性方面也一样。性的欢愉也受到依附稳定性的影响，我们发现不稳定的依附是阻碍女性性高潮的原因。男性的欢愉大多是由让女性欢愉中产生的，所以妻子无法感觉欢愉对丈夫来说也是不幸。顺道一提，能够尝到更高频率性高潮的女性，与没有那么容易高潮的女性比较起来，有更长寿的倾向。那应该也是意味着丈夫也感觉到幸福、满足吧。彼此都在性方面满足与幸福的婚姻，会带来晚年的健康与长寿。

第七章 7

成功与否对寿命有影响吗

不要工作过度，压力是敌人，人生不要太拼命，

过着与压力无缘的悠闲日子才会长寿吗？

活得悠闲就能长寿吗

“不要工作过度”“压力是敌人”“人生不要太拼命”等口号，如今完全渗透在我们的生活中。比起拼命努力成功，悠闲的享受人生更好。这种呼声，我们也经常听到。如果按照这个说法，以成功为目标日夜努力，勉强自己，只会使寿命缩短。即便未获成功，过着与压力无缘的悠闲日子才会长寿。

然而，从特曼–傅利曼的研究得知的，是与此完全相反的事实。实际上长寿的人，并非是与压力无缘过着悠闲生活，不把成功放在眼里的人，而是努力不怠惰，并获得成功的人。努力的人即使受到很大的压力，也不会单纯因此缩短寿命。

实际上，我们发现在工作上成功的人有长寿的倾向，早死的危险性较少。特曼的研究中被选为样本的，都是成绩优秀、将来前途无量的孩子，但是到了即将迈入40岁时，成功不成功的差距已经很清楚。三十几岁时，被判定在职业上最成功的五分之一的人，与最不成功的五分之一的人，比较之下他们的寿命差了有5年之多。与成功的程度相对应，很清楚看出寿命较长的倾向。

在工作上的成功、不成功，甚至会影响后来的健康状态及寿命。

此处再次浮现的疑问，就是为什么会产生这样的差距。

被选为特曼的研究样本，都是中产阶级出身的优秀孩子，他们成长的社会经济待遇或营养状态、教育环境、所受的医疗服务，很难想象会有明显差距。那为什么在职场上的成功与否和长寿与否会出现这么明显的关联？

有一个原因就是：本来容易成功的因素，很可能同时就是长寿的因素。

还有拥有健壮且活跃的身体也是其中一个因素。此外，预测长寿的因子——勤勉性与诚恳性——这不只是长寿因子，与成功也有关系。实际上，我们也看得出成功的人比不成功的人有更勤勉的倾向。所以勤勉又努力的人成功的机会也多。

勤勉性，特别在人生不顺利的时候，会变成保护自己的防御因子。以特曼的样本来看，在社会生活中不顺利的人，如果在小时候是勤勉且性格认真的人，即使人生不如意，也不太会看出死亡率的上升。然而若在小时候欠缺勤勉认真的性格，当无法顺利成功的时候，就看得出死亡率显著地上升。特曼研究中，欠缺勤勉，工作不顺利的孩子们，在60岁之前就死去的人很多。所以，勤勉代表着能坚强地面对逆境。

野心对身体不好吗

我们都知道，拥有极高的野心较容易成功。

野心恰如一种恶，会损及人性，有时也会被强调成似乎是有害健康的见解。例如山崎丰子的小说《白色巨塔》，是描述一位很有野心的外科医生财前五郎，虽然爬到教授的位置，却因为骄傲被卷入医疗疏失的官司，自己也被胃癌侵蚀逐渐毁灭的故事。在那个故事里，人类的野心被解释为丑陋的东西，是将他人毫不留情踢下去，一股自私自利的能量，借由毁灭性的惩罚，让读者感觉到心灵净化的构图。

但是，财前五郎为了当上教授而努力奋斗，真的是那么不对的事吗？财前五郎是贫穷的单亲家庭出身，为了摆脱贫困与逆境，他把对成功所怀抱的巨大野心当作心灵的原动力，可以说也是刻苦勤勉。若把这样的他视为“恶者”，以他的失败让读者一吐心中怨气的话，设计这种情节反而可以说是作者内心潜藏着扭曲过的“恶意”。

把没有野心欲望的登场人物与他并列，然后促使读者去赞美那些人物。与之相比，充满野心的主角就被视为应受唾弃的人。

尼采把这种大众心理的心境称为“无名愤怒”。在心里为财前五郎的毁灭喝彩，可以说是无名愤怒才会有的心态。人们的内心都会有为成功者的失败而开心的心理，这是很难否定的事实，因此煽动人心的无名愤怒可以为小说或电视剧博得人气，但是，如果就把因无名愤怒而歪曲的见解认定是事实那也太过草率了。

现实中像财前那样累积许多辛苦努力爬上来的成功者，并不是那么坏的人，也不是那么没有人性。特别是依据傅利曼等人的研究显示，也不会那么早就病倒。他们反而都享受着健康与长寿。即便不如电视剧或小说那么有趣，但这就是现实。

而更值得讶异的是，孩提时代就对成功有很高动机的人，即使不怎么成功，也有抑制死亡率的倾向，相反，对成功缺乏动机的人，在人生以不成功告终时，会显示出最高的死亡率，也有早死的倾向。

但是，最能长寿的还是对成功没有太大动机但是却成功的人。只是，我们不能忘记，这样的比例，比带着想成功的动机而成功的人少很多，是非常非常幸运的人。

重要的是，这显示了并没有特意朝着成功去努力的“无欲”型，其实才是最受到人生浮沉左右的人，这个讽刺的结果或许又是人性中深奥的真相。

比起学历，更重要的是上进心

依据先前以圣母院修女为对象的研究发现，拥有越高的语言能力或受过较高教育的人，越有健康又长寿的倾向。以特曼的样本为对象的研究中也一样，学历的高低多少对寿命产生一点正面作用。特曼的研究对象都是优秀的孩子们，但是因为各种因素使他们之间有了学历的差距。有人高中没有毕业，也有人读到大学或研究生毕业。当时仍是高学历的人很稀少的年代，学历能左右职业上的地位与稳定性及收入，所以会影响健康或寿命也不是什么奇怪的事。

但是，尽管在这样的时代生存，还是有相关因子比学历更能影响后来的健康与寿命。那就是高动机，忍耐力，还有就是为了达成目的能做到什么样的程度。

学历虽然不那么能左右寿命，但更重要的应该是带着上进心持续学习，朝着更高的熟练程度或是成就持续磨炼自己。

在上位者较长寿

最让人感兴趣的是，上位者比受人指挥的部下有更长寿的倾向。例如交响乐团的指挥，就有比团员更长寿的倾向。公司的老板也会比受雇的人长寿。他们应该承受了重大责任与压力，但是因为压力而缩短生命的却是下属。

猴子也是一样，我们已知，猴子王与层级较低的猴子比较起来，大脑内的功能不一样。猴子王拥有丰富的称为血清素的神经传导物质的受体，所以血清素的作用很活泼。

相反，层级越低的猴子血清素的功能就越低落。

血清素在控制不安上扮演着不可欠缺的角色，作用不佳的话，不安感就会强烈，会怯懦瑟缩变得很胆小，也容易抑郁。相反的当血清素的作用活泼，对任何人都能堂堂正正地面对，不会惧怕。血清素的作用活泼就能推开压力与不安，即使与敌人对峙也不觉害怕，创造出气势不让人的心理状态。

在管弦乐团这个也是公司组织的团体里，站在顶端的人，精神状态就像是当上猴子大王。由于血清素活泼的运作，把不安都挡开了。即便加上责任的重担，也会有防御机制在运作，可以不把这些当成压力，获得成就感或充实感，赞赏或尊敬这种更大的报酬。就结果来说，他们所做的工作应该是比下面的人辛苦得多，但是却能够享受健康与长寿。

海伯特·冯·卡拉扬，在柏林爱乐交响乐团 30 年，在音乐与商业上都可以说是最成功的指挥家。虽然他肩负重任，因脊椎旧疾和脑梗死的后遗症所苦，但仍一直工作到 81 岁，终其一生都是现任指挥家。他之所以能够坚持工作一辈子，就是因为他惊人的勤勉与有计划的努力。大家都知道，当他还是音乐大学的学生时，就是一个极为认真的学生。

另一方面，他也是众所周知的速度狂。跑车无法使他满足，他还会自己驾驶喷射机，从阿尔卑斯山的陡坡上急速滑降。卡拉扬的内心也有追求危险与刺激的气质，因此这告诉我们，这样的气质也是可以与勤勉并有计划地努力并存。当然，如果不拥有后者，卡拉扬可能也只是个不要命的人而已。

卡拉扬也曾有过很长的基层时代，在他站上幕前的舞台之前，也历经了 20 年之久忍耐与努力的日子。也曾在小小的剧场当轻歌剧的指挥，但他从这些经验中不停学习，无论有什么事情他都当成是“千载难逢的教材”，并且全都接受。这样的态度不只对他的为人成长有帮助，肯定也减轻了不必要的压力。

站在上位，有些人会因为压力大导致人格恶化，甚至危害到健康。相反，也有人自由自在被赋予重任却乐在其中。前者的情况大抵都是只会生气，把不顺利的事情全都归咎于下属。后者则是不失谦虚，从下属的反应或逆境中学习。这样的度量大小，不仅是领导者成功或不成功而已，还会影响自己的健康或寿命。

话虽如此，一般来说，依据一项比较管理阶层与一般职员的压力研究结果显示，管理阶层的压力水平较低。虽然数据稍微旧一点，但平均寿命比较起来，结果显示公司高层的寿命比公司所有人平均寿命长了 4.3 年左右。因为责任重大，可以得到比一般员工的薪水更高的主管报酬，但是实际上压力却与报酬相反，相当轻。这要是以大众的无名愤怒来看，或许是一点都不有趣的现实。

不过，责任过重的话对身体不好，就如当上美国总统就会缩短 5 年寿命。最重要的是这当中也包含了暗杀的风险在内。

在其他的研究中，调查技术人员与死亡率的关系，结果显示出技术的熟练程度或专业性越高的，工作死亡率就越低的倾向。比起管理职，从事专门职业的人，表现出更低的死亡率。

相较于工作，人际关系的压力更大

所有的人应该都会有这种感觉，那就是来自上司或同事的压力远远比工作大得多。与上司关系不好的人，容易引发健康的问题，与同事关系不好也有害健康。这也已经由许多调查得到验证。

站在上位的人压力会减少的因素就是在这一点上吧。中间的管理职因为被夹在中间很难做事，但是只要能突破自己站上顶点，就不再需要对谁低声下气。

人际关系上的压力减轻，会跟健康与长寿有关。但是，并不是所有人都可以站到顶端或是变成管理阶层。因此，即便上司或同事是稍微奇怪的人，也只能跟他们好好相处，必须在不增加压力的情况下与他们往来。然而，要留意哪些状况才能减少压力，过着健康的生活呢？

对这个疑问，特曼的样本也已经给了明确的答案。

对他人的小地方出现敌意反应的人，很快就会伤害到健康，面临早死的命运。长寿的人对他人不太批评，会避免争论，不会过度坚持自己的想法或做法。重点是，对他人宽大柔软的人就能健康长寿。换言之，这个答案已经明确地告诉我们，减少压力的生活方式是什么样子的了。

不适合的工作会缩短寿命吗

自己凭意志而选择工作的人，比起随波逐流选择工作的人，倾向于拥有更高的满意度。此外，拥有较高的野心，不断努力向上的人，在接近退休的时候，会感觉到更高的满意度。实际上，踏实地一步步往上爬，建立了稳定职业生涯的人，被认为比工作不稳定，不得不辗转四处更换工作地点的人，有更健康长寿的倾向。

因此许多人烦恼的是，应该要继续做即使多少觉得不太适合但是很稳定的工作，还是应该断念，换一个更适合的工作比较好的两难状况。

特曼的资料中令人惊讶的是，他们针对每一个样本搜集了庞大的记录，连这样的疑问都能够找到答案。例如，可以调查他们的职业适性与实际从事职业的适合性，以及后来的健康状况与寿命的关系。以每个样本的孩童时代数据为本，先由专家判断他们适合的职业适性，当然专家并不知道他们实际上从事什么职业。职业适性检查或是职业判定，是到最近才开始流行起来的，但是我们是从过去的数据挖掘出来判别，然后再就此比对那个人实际从事职业的一致程度。

那么，从事适性工作的人是否就比较健康长寿呢？坦白说，答案并不尽然如此。

唯一从事适性职业又能够延长寿命的，是被判定适合从事援助他人或奉献职业（护理师、教师、咨商师、牧师等）的类型而又从事该职业的人，这种情况下就会比选择其他行业要长寿。

然而从整体来看，是否适性跟寿命没有太大关系。相反有些人会变得短命。例如，因为讲话很有说服力，主张很强，被认为很适合做业务，结果，实际上从事业务员的时候，却容易缩短寿命。拥有这样特性的人进入其他领域反而会比较长寿。

一个人的性质与职业一致时，却往往会强化这份工作所带来的坏处。可以说正是因为适性，就会很投入工作，容易工作过度。

不仅是被判定适合研究性或技术性、实务性职业的人，被判定适合艺术性职业的人，实际上从事该职业也不见得就会延长寿命。

从事与适性职业稍微不同工作的人，可以拓宽一个人的幅度，使他成为更平衡的人。我经常看到这样的情况，光做自己擅长的事情会增加偏颇，有可能会演变成丧失其他领域的适应能力。时代不停在改变，时代的需求也不断在变迁。把自己限定在过于狭窄的适性当中，限制自己也是一种风险。

适性这回事，有时会随着年龄改变。光是以年轻时的适性来判断，是否真的妥当也是一个问题。人的一生很长，并不是到了二十几、三十几就结束。到了中年之后，能力的特性也会有变化。

实际上大大左右寿命的与其说是适性，还不如说是工作成功与否。而且成功与不成功，并不一定用适性与否来区分。更重要的决定因素，是有没有具备慎重与信赖性、忍耐力等特质。这一点就跟前述所说的勤勉性有重叠。所以不需要太过烦恼自己是不是适合目前的工作，比起思考有无适性，是否勤勉的努力才会对于能不能成功，甚至是能不能长期保持健康与寿命有影响。

勤勉又有生产力的人生

抑郁症或是自杀、过劳死等正在形成的社会问题，现代人也开始对“勤勉又认真工作”有了疑问。认真工作也不会得到富足与幸福，而且越是努力就越只是勒住自己脖子，不会得到什么回报，这样的想法开始蔓延。如果是这样，还不如更轻松悠闲一点，退出竞争的生活，更能过着富足的人生，有这样想法的人正在增加中。

但是，特曼-傅利曼的研究结果显示，勤勉地朝着目标努力不懈，持续过着有生产力日子的人，比悠闲轻松没有目的过生活的人更能维持健康，也更长寿。这类型的人很谨慎，自我控制方面很优秀，很节制，并且不太喝酒，这些倾向一定也对长寿有帮助。

一直过着有生产力日子的人，比悠闲无目的生活的人面临更多压力或紧张，虽然未必能得到安乐的幸福，但比起过着悠闲平稳人生的人，他们在年老之后更能得到健康有朝气的长寿生活。

事实上，比起一个人心情上的幸福度，有没有带着勤勉的上进心努力过活，将会左右后来的寿命。结果最长寿的，并不是活得最开心的人，而是朝着目的努力不懈的人。

当然，这个研究显示的结果并不是绝对的。时代会改变，围绕着工作的人，环境更是变化激烈。特曼的研究对象所生存的时代，或许都是缓慢地进行任何事。因职业种类而异，如今是每个月被迫加班上百小时，可能有很多人觉得，那个时代应该没有这种事吧。

确实，可能没有那么长的加班时间。但是在过去，长时间劳动被视为理所当然，这一点我们不能忘记。他们工作的时代，每周工作 6 天，每天工作 10 小时，有时候工作 12 小时也不稀奇。以今天的基准来说，过劳死的认定水平是他们正规的劳动时间，他们是在这样的时代生存的。

尽管如此，他们的人生说明了，带着目的且勤勉认真努力过日子的人，最能获得成功，也更能获得健康与长寿。这应该说是超乎预期的结果吗？或说是能给我们勇气的结果？至少对于人生态度积极的人来说，应该是有希望的结果吧。

工作可以降低死亡风险

华盛顿大学的研究者，报告了一项令人深感兴趣的研究结果。他们研究的目的是为了调查，是否存在容易得肺癌的性格。当然，肺癌的重要成因我们都知道，就是吸烟。因此他们是以开始吸烟的年龄，或是一天的吸烟数量等条件相同的人来相比。调查除了吸烟之外是不是还有什么因素与肺癌发作的年龄相关。

拥有不容易得肺癌因子的人被认为，即便同样吸烟，癌症发病的年龄也比较晚。

像这样实际的调查各种因子有多少程度相关之后，令人惊讶的是，最强烈相关的并不是特定的性格，而是有没有工作。而且相关系数超过 0.5，显示出强烈的相关。有工作的人，肺癌发病的年龄明显较晚。这个结果，要注意的是，并不是因为不工作而吸烟量较多而造成的。因为关于一天的吸烟数量，是以同样水平来做比较。

有工作的人对身体的负担应该比较大才对，结果却是不容易得肺癌。

一项在加拿大进行 11 年的世代研究中也一样，以 160 万个 30 岁到 69 岁的人为对象，调查他们在此研究开始时，就业状况与之后死亡率的关系，发现没有工作的人，在调整过年龄等条件之后的死亡率，男性上升了 37%，女性上升了 27%。死亡因素分别是恶性肿瘤增加 24%、循环器官疾病增加 22%，呼吸系统疾病增加 45%，意外或暴力增加 94%，酒精相关疾病增加 125%，其他死因增加 59%，在所有的死亡原因中死亡风险都上升，其中酒精相关疾病与意外或暴力造成的外在因素（包含自杀在内）特别突出。

这样的倾向，不仅在研究开始后的6年间，在研究后半段的5年当中，也同样得到认可。从这个研究中也显示，没有工作的状态，不只会影响之后的生活状况，对身心健康也会有长期负面影响。工作也非常有利于保护健康。更何况在年轻力壮的时期没有工作，更是极为不利。在这个意义上，有必要认定找到适合的工作是生存权的一部分，是一种权利。

真正的生存价值会带来长寿

对劳动来说，玩乐也是"必要之恶[1]"，但你一定会觉得，如果开心玩乐就能过活，世上还有什么比这更好的事呢？如果中了乐透得到大笔金钱，你可能会想明天就立刻把工作辞了，悠闲地过日子吧。牺牲享受或安乐，鼓励

1　指因组织运作、社会生活等需要而不得不去做的事。

自己朝着节制与努力，过着勤勉的人生，总让人觉得好像冷冷清清，没什么意思的感觉。获得长寿与成功好像很没意思，这不是很无趣的人生吗？你可能还会觉得他们很可怜吧。可能也会觉得自己可不想要这么无聊的人生。

但是，特曼–傅利曼的研究显示出，即使会较为辛苦，带着向上目的持续工作的人，才能够保全健康的人生。即使年纪大了仍保持生产力，持续勤勉生活，他们的人生才会觉得更有价值与充实感。

他们并不觉得无聊，他们能够把自己的人生充分活到最后，得到与他人之间关系带来的恩惠，也容易拥有稳定的家庭，像是受到幸运之神的眷顾。过着孤独不幸晚年的并不是他们，而是没有任何沉重压力，逃避责任，每天过着悠闲、没有任何目的的日子。

只要能够冲破逆境或承担重责，就不会缩减寿命。朝着克服困难持续努力，反而能守护健康并延长寿命。觉得困难或压力会缩短寿命的想法，只是一味逃避，面对困难与压力时，必须要有去克服它的勇气。

一个人的幸福感虽然会影响之后的健康或寿命，但就如前面所说，比幸福感影响更大的，是能不能朝着目标努力，达成有意义的成就。

第八章 8

社会的牵绊

不被爱、不受照顾的生活，真的会使身心健康带来那么大的伤害吗?

在与人交流上，除了被爱、被照顾，还有左右寿命更重要的因子存在。

与他人的牵绊很重要

以特曼的样本为对象所做的研究中，解开的意外结果之一，就是活动性在某种程度上对长寿有贡献，但对照起来并不表示开朗又善于社交的人就会长寿。这当中应该也有因为社交过度带来的负面影响，或是社交带来的饮酒、生活糜烂等害处，这正是会与正面效果抵消的缘故吧。交友范围越广，纠纷或麻烦的根源也会增加。与人的交往，真不是一件简单的事。

那么，若说与人交往或人与人的关系不是太重要，这个答案却又是否定的。与他人有交流的人，确实有长寿的倾向。若缺乏与他人的交流，也会成为认知功能下降的原因。

有报告指出，孤独的环境会增加阿尔茨海默病的危险。但是值得玩味的是，比起单纯与社会有形式上的联结，这是否发挥了原本作为情感牵绊的功能才是重要的。

人与人之间的牵绊有没有发挥功能的指针之一，就是有没有感觉到孤独。我们依据以 823 名银发世代为对象所进行的追踪研究来看，越是感觉孤独的人，越容易引发认知功能的问题。孤独感占前面 10% 的人，得阿尔茨海默病的危险比一般人增加两倍以上。在这个研究中，是以社会的联结程度相等案例来比较，两者之间的差异只在于本人是否感到孤独。

过度的社交虽然没有必要，但是若失去与人的牵绊，就会明显威胁健康与生命。不只是实际上的接触，要保护一个人不让他觉得孤独，关键在于有没有精神上的交流。

最能够证明这一点的例子就是离婚：失去妻子与孩子的丈夫们。他们被暴露在早死的重大危险之中。若没有再婚，保持单身的期间越长，死亡率便高得惊人。也有数据显示，离婚后超过 10 年维持单身生活的人，死亡率会上升到 4.6 倍以上。

是什么让人活下去

然而，孤独的人为何会缩短寿命至此？不被爱、不受照顾的生活，真的会使身心健康带来那么大的伤害吗？

确实也有这些原因。但是我们把这一点弄得更清楚之后，以下的事实就开始浮现。感觉自己被爱、被照顾的人，虽然有更幸福的倾向，但是在那之后的寿命却并不是特别长。

这究竟又是怎么回事？失去的爱虽然很重要，但是人们却对得到的爱并不珍惜重视吗？

其实这里藏着更深奥的意义。在与人交流上，除了被爱、被照顾，还有左右寿命更重要的因子，那就是帮助他人或是照顾他人。人与人的交流很重要的理由，虽然也有自己受照顾的这一点，但是比这个更重要的是自己能帮助谁，能对谁有帮助，这才会带来生存的力量。

离婚的男性会早死，虽然也是因为失去了爱与照顾，但是同时他们也失去了爱家人、照顾家人的机会。光是看着自己的孩子，父亲身体里的抗利尿激素这种依附情感的荷尔蒙就会升高。照顾自己的孩子，会让分泌更加升高。抗利尿激素会减轻压力或不安，也会使为了保护妻子而战的意欲或勇气升高。拥有家庭，养育孩子，有助于保护父亲远离压力。

当然，若失去本来作为“安全基地”的家庭或妻子，会给基本的安心感带来深刻的伤害，也夺走赖以坚持的心灵依据。这会给父亲的依附系统带来双重伤害，肯定会引发惊人的死亡率上升。

比起是否与人有交流，是否感到孤独才是左右认知功能低落或罹患阿尔茨海默病的因素。就这个结果来看，比起有没有保持表面上的交流，失去了主体性的去爱、去照顾的关系才是根本的问题所在。

比起被爱或受照顾，去爱人、照顾人、帮助人才能维护自己的生存，这并非理论而是事实，而且是经过 80 年的资料数据来证明，这给我们很大的救赎。被爱或受人照顾，光靠自己也有无可奈何的一面。但是去照顾人、帮助人，只要自己用心努力就可以做到。

家人或朋友、邻居之间的关系中，比被爱和被照顾更重要的，是去帮助别人、给别人意见，这样就能对自己的健康带来贡献，你与周围人的关系也一定会改变。实际上，在特曼的研究对象中享年最长的，是对人温柔相待、体贴，会更进一步想去帮助他人的人们。自我本位，只以自己的利益为优先，缺乏体贴与亲切的人，是不会长寿的。与朋友或家人、邻居等人的往来中，比起感觉到被爱、感觉到快乐，更重要的是一起挥洒汗水，为了对方流泪，动手照顾，与对方苦乐共享。

依附这个机制，拥有相互的性质。在诞生的瞬间，从母亲那里得到母性贯注的奉献中，培育出稳定的依附，在丰富的爱中长大的人，在自己当上父母时，就能把自己所得到的东西付出给孩子。

然而若不幸，没有从母亲身上得到充分的爱或照顾成长的结果，只能培育出贫弱且不稳定的依附，就会变得对压力敏感且很容易受伤，不只跟他人的关系会很辛苦，与配偶的关系或是养育孩子等需要更紧密相关的关系时，也会容易有困难。

那么，不受父母的爱所眷顾的人，就要带着不稳定的依附一生痛苦吗？也并非如此。就如在拙作《依恋障碍》《母亲这种病》当中所述，那是可以克服的。克服的方法之一，就是从父母之外的第三者得到稳定的爱或照顾，就能治愈依附的伤，找回稳定的依附，以及主动对特定对象持续付出爱与照顾。

依附是一种相互的机制，所以说依附是会因为被爱与被照顾而培育，但是又可以因为去爱或去照顾使它活络起来。

养育孩子对于带着依附伤痕的人来说是一种试炼，但也是一个很重要的机会。虽然也有可能变成像自己恶父母那样的风险，但同时也可能变成一个自己曾经向往的好父母。实际上通过养育孩子跨越了依附障碍的人为数不少。

若觉得养育孩子的门槛太高了，从事跟孩子相关工作也是有帮助的。没有血缘关系反而会让你感觉较轻松，保持恰到好处的距离比较容易维持良好的关系。应该有很多时候会觉得在孩子身上看到自己，通过孩子尝到的悲喜，自己背负的伤痕也会在不知不觉间就跨越了。

更容易做到的，就是饲养宠物或小动物。哺乳类拥有完全一样的依附系统。我们可以超越物种的差异，把狗或猫当成家人一样，有依附情感就是因为如此，它们也会对我们有同样的依附情感。而且，这个依附是持续不变的。这种相互性与恒常性，会使情感牵绊变得更强。然后，受伤的依附就能得到治愈。

鸟类与哺乳类多少有些不同，但是也拥有发达的依附机制。我们对爬虫类或两栖类就很难像对狗或猫那样，无法感觉到亲近的理由之一，就是因为那些物种身上的依附体系尚不发达，爬虫类几乎无法区别饲主。

从中途开始饲养照顾也有帮助，但是从小的时候开始饲养的话，效果会更强。应该有不少人都能体会到跟养育孩子一样的“母性贯注”状态。牺牲睡眠也不厌其烦，想要片刻不离地照顾。这将给你带来疗愈效果。

只是，饲养宠物是否与后来的死亡率下降有关，这一点在以特曼的样本对象做出的研究中，得到否定的结论。就算是独自生活的人，也没有被认定有延长寿命的效果。这么想来，就会知道人与人的交流拥有多么重要的影响力。

拥有孩子有益于长寿

在39岁时拥有自己的孩子的男性，在四十几岁时的死亡率，比没有孩子的男性少了六成（Lund et al., 2004）。所以拥有自己的孩子、成为父母的人死亡率会下降。当然这也可以说是因为他健康到可以拥有孩子，所以死亡的风险比较少，所以也能够解释，拥有孩子并不是减少死亡风险的因素。

但是，实际上拥有孩子，照顾孩子，会让父亲的压力减轻，提高元气，这在其他的研究中也已经显示。这个机制并不只是心理效果，也有生物学的依据。照顾孩子会使女性的催产素、男性的抗利尿激素这种依附荷尔蒙的分泌升高且具有抗压作用。照顾孩子很辛苦，对女性来说虽有缩减性命的一面，但也有产生活力与强韧的一面。

身边最常体验到的，就是照顾孙子为精神上带来安定的案例。

某位女性，从四十多岁孩子离巢的时候起，就为了抑郁与被害妄想而苦，历经一段很长时间的不稳定时期。虽然丈夫也很体贴温柔，但是对她来说，光凭跟丈夫的关系无法满足她。

然而没想到就在她接近 60 岁的时候，已婚的儿子演变到要离婚的状态，但孙子还在上幼儿园。离婚的原因是因为妻子不忠，因此孙子由儿子抚养。但是儿子有工作，所以需要有人照顾孙子。这时候的她与儿子和孙子同住，两夫妻开始照顾孙子。

原本一直都过得很随意，现在每天早上必须早起帮孙子准备早餐，或是帮忙准备上学。仿佛打开过去已经关掉的开关似的，她很成功地取代了母亲的角色。在养育孙子的同时，自己也变年轻似的，精神焕发，神采奕奕。过去为精神疾病所苦就像假的，变得很稳定，把爱投注在孙子身上。

照顾孩子虽然也有成为负担的一面，但是却也带来远远凌驾于负担的好处。

画家们的例子

画家这个职业，过去曾经是短命的代名词。埃贡·席勒28岁、秀拉31岁、莫迪瑞安尼35岁、罗特列克36岁、凡·高37岁、赛冈蒂尼41岁、波洛克44岁、芙烈达·卡罗47岁、马内51岁、高更54岁、贝丝·莫莉索54岁、克林姆55岁、西思莱59岁……另一方面，长寿的画家也不少。像是享年78岁的雷诺阿，还有86岁的莫奈，91岁的毕加索。

而众所周知，他们都一直画到晚年，终其一生都是画家。雷诺阿在晚年时，有10年以上都受到类风湿性关节炎的侵袭，连画笔都没办法握，但是他在变形的手上绑上画笔，没有放弃面对画布。关于工作，三个人终其一生都过着极为勤勉的生活。

三个人年轻时都相当辛苦。雷诺阿很长一段时间处于社会底层。直到30多岁还无法完全靠画画维生，寄居在友人处，以别人不要的零碎工作来糊口。进入40岁后，他的画开始连续入选到沙龙，才终于冒出头。他开始与有力的画商亲近，指定画肖像的订单陆续涌入。在尝过落选或恶评的痛苦滋味，比起坚持理想，雷诺阿选择了以实际的利益为优先。他不再画那些没有任何利润的印象派作品，反而热情地描绘那些指定的肖像画。但是也因此，一种适合雷诺阿的画风逐步诞生。

即便如此，也因为生活不稳定而迟迟无法结婚，虽然与情侣关系的女性生了一个男孩，但是正式结婚已是49岁，儿子当时已经5岁了。53岁时，他的第二个儿子诞生。老来得子让雷诺阿对他特别疼爱，对雷诺阿来说，孩子是安稳与活力的泉源。而雷诺阿直到退休年龄仍然持续旺盛的创作，也是因为有年纪还小的孩子不得不努力的苦衷。

莫奈的前半生充满苦难。他的婚事遭到反对，因此即便他27岁的时候儿子已经出生，但是到了30岁的时候才得以正式结婚。三十几岁的这段人生也是苦难不断，在沙龙中持续落选，就连为数稀少的金主都破产逃到国外，甚至还陷入帮忙抚养金主的夫人和他五个孩子的困境。翌年，年仅32岁的年轻妻子就先离开人世，后来莫奈便与金主的前妻再婚。

43岁时他移居巴黎郊外的吉维尼，在这里诞生了“睡莲”的系列作品等多数杰作。他勤奋工作的姿态终生不变。拥有需要抚养的家人，对莫奈来说也是让他拥有生存动力的重要原因。

毕加索过着在性方面非常活泼的人生。他的人生中结婚两次，与三位女性之间生了四个孩子。在巴黎时代最初的情人是费南德·奥利维耶，后来又与玛赛尔·汉伯特（通称伊娃）交往，但伊娃病逝。后与贵族出身的芭蕾舞伶奥尔嘉·柯克洛瓦第一次结婚时，毕加索36岁。虽然儿子已经出生，但是夫妇两人都是自我主张很强的人，婚姻不可能顺利。

45岁时，他认识了17岁的玛丽·德雷斯·华特，演变成婚外情。他想与奥尔嘉离婚，但是当他知道这样会失去一半的财产，就放弃离婚的想法，只与玛丽维持外遇关系。在奥尔嘉死后，他才从这段婚姻中解脱，那已经是将近30年以后的事了。

54岁时，女儿玛雅出生，但是毕加索外遇的念头又开始蠢蠢欲动。在玛丽怀孕期间，他与摄影师也是画家的多拉·玛尔展开婚外情。

62岁时，毕加索与21岁的绘画学生佛朗索瓦·吉洛邂逅，不久后开始同居。两人的孩子虽然出生了，但是佛朗索瓦对支配欲强烈的毕加索感到疲倦，就带着孩子离开，后来与其他男性结婚。毕加索为此大为光火，告诉她如果是为了承认孩子，可以跟她结婚，以此为条件要求佛朗索瓦离婚。然而这只是毕加索报仇的计谋，在她离婚时，毕加索就跟他的情妇杰奎琳·洛克再婚了。后来他仍然视抛弃自己的佛朗索瓦为眼中钉，十分固执地一直阻碍想当画家的佛朗索瓦的前途。

讽刺的是，毕加索与半开玩笑结婚的杰奎琳，最后却一起白头到老。虽然最后的婚姻没有孩子，却度过了近20年的岁月。毕加索让杰奎琳像女管家一样照顾自己，过上没有任何不便的晚年生活。

他的私生活虽然充满波澜，但是他几乎没有孤独的时候，经常不是有妻子就是有情妇，或是双方都在照顾他。充满波澜的爱情生活，对于为了使自己感觉到被爱的毕加索来说，或许是一个必要的过程。

另一方面，工作极为勤勉的他，从一早就开始工作，一直到傍晚都站在画布前。他以速度惊人的笔触，创作出许多画家都无法模仿的作品。晚上他就不工作，因为那是他用来享受快乐的时光。

第九章 9

精神压力与创伤

当遭受压力的时候，就会增加想排解压力的行为。但效果是暂时的，越是可以在短期间带来快乐且上瘾性强的东西，到了中长期就越会产生各种坏处。

排解压力的行为过度，身体会反扑

当遭受压力的时候，就会增加想排解压力的行为。其中代表的像是喝酒、赌博、暴饮暴食、购物、玩电动等行为。利用这些行为让自己的情绪高涨，好麻痹受伤的神经来保护自己。

但是，效果是暂时的，越是可以在短期间带来快乐且上瘾性强的东西，到了中长期就越会产生各种坏处。本应是适度的抒发，却因为沉迷于这些行为之中，导致对现实问题的关心越来越低落，加强了逃避的倾向，使事情朝着解决问题的反方向而去。

遭受压力时，体内会产生防御反应，分泌出来的是压力荷尔蒙。下视丘一旦侦测到压力，就会分泌一种叫作 CRH 的荷尔蒙。它会刺激脑下垂体，放出一种叫作 ACTH 的荷尔蒙。ACTH 在体内转来转去抵达肾上腺，会放出肾上腺皮质荷尔蒙。肾上腺皮质荷尔蒙，就是所谓的类固醇激素。

类固醇对任何疾病都有速效性，因为效果很好，相对的长期使用副作用也很强，长久持续的压力，就会发生同样的作用。类固醇会抑制免疫反应，让你不会发热或疼痛，去除发炎反应让眼前的压力变得容易应付。让血压血糖上升，得以承受战斗。短期来说压力荷尔蒙会帮助你渡过难关。

然而要是战斗期拉长，压力荷尔蒙的坏处就会逐渐增强。高血压或糖尿病、肥胖、胃溃疡、失眠、抑郁症状、心肌梗死等都是类固醇的代表性副作用，在长期承受压力的人身上会发生完全一样的事。本来为了保护自己的防御反应，接着会开始侵蚀身体。不只是身体，压力荷尔蒙会更进一步让大脑也开始产生损害。神经细胞死亡，大脑开始萎缩，重度的抑郁症会引发海马体等的萎缩。

行动上的防御反应也好，体内产生的压力反应也好，无论哪个都有短期内提高活力的效果，但是长期持续的话，反而会开始扯后腿的这一点是一样的。

对糖尿病或高血压、心血管疾病等，我们常用的说法是生活习惯病，但是生活习惯病的原因就是压力。仅次于癌症的重要死因，是心血管疾病或脑血管疾病。不论何者，若有高血压或糖尿病，产生动脉硬化的风险就会升高。饮食生活或运动也很重要，但是压力管理的重要性也不逊于此。

心理创伤会缩短寿命

特别是强大的压力，会产生被称之为心理创伤的心灵外伤。以身体来比喻，心理压力就是花个两三天放松下来就会恢复的肌肉疲劳，而心理创伤就像是骨折。要复原不只会花很多时间，有时候还会留下后遗症。

影响寿命较大的，不是一般的心理压力，而是到达心理创伤层级的强大压力。一般的心理压力也是，如果没有时间恢复，长时间压力超过极限时，也会发生跟心理创伤同样的状态。这也可以包含在心理创伤层级的压力里。

心理创伤的压力，对健康或寿命会产生多少程度的影响，在有关于士兵的研究中经常是被调查的一项。例如太平洋战争时，被派到前线的士兵，跟在美国国内执行任务的士兵比起来，前者的死亡率，在后来任何一个时间点都比在内地勤务的人还要高出 1.5 倍以上。

有关在越战时从军的士兵，对他们后来的影响也有做过详细的调查。曾经踏足过越南，参加过残酷战斗的士兵们，就算运气好生存下来，后来也会面临早死的命运。其中对未婚的士兵来说，不良的影响最大，他们容易耽溺在酒精里。特别是他们若是有创伤后压力症候群或是抑郁症的情形，死亡率就急速上升。

根据以特曼的样本为对象做的研究中，对健康最大的威胁不是战争的压力，而是在生还之后产生的连锁恶性循环。为了预防这一点，必须恢复安全感、找回规律稳定的生活才行。为此，与家人或朋友之间稳定的牵绊，通过稳定的工作与周围人交流，拥有“自己是有用的人”的感觉是很重要的。

此外，仔细调查可以成功跨越的人，会发现最好的做法是巧妙地避开压力过强的状况。万一被放在强大压力的状况下时，不是任凭自己承受，而是积极实施对策以便巧妙地闪躲。

太早入学对孩子有负面影响

人会因为战争这种非日常的体验产生心理创伤，是任何人都可以想象得到的。但是，心理创伤层级的压力，意外的也会发生在身边。例如，像是在校园，遭到欺负也会产生心理创伤。有时候在谁也没有太留意的地方，也会给孩子带来很强大的心理压力。

根据傅利曼分析特曼的样本所做的研究，认为太早入学的人，不只在学生时期，在人生整体上都有比较容易遇到各种问题的倾向。

太早接受学校教育的孩子，长大之后容易有适应的问题，女性还会容易依赖酒精。令人惊讶的是，如果还不到6岁就开始上学的孩子，还会增加将来早死的危险性。

依这个事实，再去对照“幼年期健康状态或发展状态对寿命没有影响”这件事来看的话，就更让人感兴趣了。就算健康状态或发展上有一点问题，都还不如早期教育对孩子可能造成的有害影响。

跟比自己年纪大的人在一起开始学校生活，会给孩子带来很大的压力，恐怕会给他带来低度自尊心。对未来操之过急，是父母亲的自我满足，对孩子来说害处很大。

这或许可以说是通过其他的研究结果得到的结论。孩子未足月出生，在四十几岁时的死亡率会上升。现在即使是超早产的孩子，也不会认可他们延迟入学。因此这些超早产的孩子，不得不跟比他们成长早一年以上的孩子在一起生活，容易带着自卑感。

太早开始学校教育，也会剥夺年幼孩子们必需的自由游戏时间。不受规则、拘束的自由游玩，对孩子的健康发展是有必要的。太早就热心于努力赢得竞争，会损害孩子的安全感，也会产生疲敝的危险。

日本正在检讨要开始降低就学的年龄，据说要从 5 岁开始就接受学校教育。因为认为幼年时代让孩子玩太浪费了，要让他们早点开始学习。可是希望大家不要忘记，在幼年时代还有比学习学科更重要的任务。早点开始学认字会如何呢？早点学会认字的孩子，在精神的适应上有容易产生问题的倾向，这一点已有几分认同。

幼年时的压力

早点开始上学会使孩子的健康或寿命缩减，可以说就是幼年时期的心理压力，对孩子将来的健康或寿命有负面影响的一个例子。幼年时期受到压力会导致提早老化，左右数十年后的健康，虽然这一点已经以各种形式观察到，但是近年来才有事实证明。

那是因为年幼时若受到强大心理压力，会使一种叫作端粒的 DNA 区域变短。端粒位于 DNA 的末端位置区域，可以调节细胞分裂的次数。细胞在生物体内并不是可以无边无际的分裂，能分裂的次数有限。每一次分裂端粒就会缩短一点，如果已经到了不能够再减少的地步，细胞就无法再经由分裂再生而是会死亡。那就是寿命。

癌细胞当中，就是因为端粒无法充分发挥功能，使细胞无边无际地一再分裂。

一个个体还能够拥有多少寿命，就由剩余的端粒长度来决定。当然，依据不同部位的细胞，能分裂的次数各有不同，并不是个体整体的细胞都共同享有同样的端粒长度。皮肤或肝脏的细胞会活泼的分裂，但是脑神经或是心肌细胞，就不会进行细胞分裂而是一次完结。由于不可替换，所以一个细胞可以维持很久的时间。但是，如果因故坏死的话，就很难弥补。在这一点上，皮肤或肝脏的细胞则拥有高度复原力。

这个端粒如果在幼年时期承受很强烈的心理压力，就会变短，这在动物实验中已经呈现出来。而实际上那样的个体也会提早老化，缩短寿命。幼年时期给孩子不必要的心理压力，是一件必须慎重处理的事。

如何提高抗压性

即便受到同样强度的心理压力，或是体验到同样的心理创伤，有人会因此留下深刻的影响，也有人可以把损害抑制到最低限度。

一般来说与此深切相关的，其实就是幼年时期所承受的心理压力。也就是，如果在出生后不久便承受与母亲分开的压力，掌管自律神经的下视丘—脑下垂体—肾上腺皮质系（HPA 系），以及与在中枢的HPA系有紧密关系的杏仁核就容易产生过度反应，或是相反地变得迟钝，借以保护自己。前者的类型，将来在受到压力时就容易引发过度反应，很容易感觉不安或恐惧，一点点较小的压力也会超过极限。相反，后者的类型，会变得迟钝借由切断反应来保护自己，这样的情况由于很难自觉到压力，所以突然超过界线就会失去控制。

以依附的观点来看，对压力有过度反应，容易感觉不安的类型称为焦虑型；而对压力乍看之下没有反应的类型就叫逃避型。前者会想要过度依赖他人，但后者的人际关系则很冷漠，越是有困难就越难找人商量，会想要用自己的力量解决。

相对于这两个类型，幼年时期可以在安心又稳定的环境下成长的人，既不会对压力有过度反应，也不会对压力过度迟钝。对压力有自觉，会随时找身旁的人商量，以冷静的处理方式来排解，所以不容易被逼到极限。这种依附的形式就称为稳定型，人际关系上也可以在依赖跟独立之间维持很好的平衡。

受到压力的时候，稳定型的人耐压性高，能够成功地推开压力。相对的焦虑型的人对压力的耐受性最弱，容易引发焦虑障碍或压力反应，但是他们会大吵大闹得到帮助，所以出乎意料地很少被逼到极限。

相对地，看起来很强却是最脆弱的逃避型，乍看应该会很酷地应付过去，但是却会突然承受不住。大多会在心理出现问题前，身体就先出现不适，也很容易引起身心症或恐慌障碍、假面抑郁症。逃避型的人必须要磨炼出更懂得表现自己的技术，默默忍耐也不会有人回过头来看你。

容易因为心理压力而受到伤害的人的另一个特征，就是负面思考。特别是前面的章节叙述过的，容易陷入悲剧性思考。容易陷入悲剧性思考的人就容易得抑郁症。悲剧性思考经常与“非得这样不可”的想法或完美主义联结在一起。自己内心的规则或是理想只要有一点被打破，就觉得一切都毁了，产生“再也不想管了”的自暴自弃。

为了不陷入毁灭性思考，就像已经看到结果似的先降低期待值，无论怎么糟糕的状况下也要往好处看，必须慢慢训练自己以肯定的思考方式去接受真实的状态。

悲剧性思考大多与不稳定的依附结合在一起，所以结果就是必须要同时克服这两者。有兴趣的人请参照拙作《依恋障碍》。

抑郁与上瘾症的根本

承受压力，往毁灭的方向前进时，经常会伴随着酒精上瘾。饮酒非但不会克服压力，还会进一步夺走体力与气力，因而加速往毁灭的道路前进。与酒精上瘾一样，抑郁也是容易伴随着心理压力的状态。于是，抑郁状态也会使包括心脏疾病在内的其他疾病造成的死亡率升高。

那么，治疗抑郁症就能延长寿命吗？悲哀的是，答案是否定的。即使接受抗抑郁药等的治疗，至少到目前为止所进行的治疗中，都跟延长寿命无关，甚至也无法减少罹患心脏病等疾病的风险。

要说这意味着什么，与其说是抑郁症本身会缩短寿命，不如说是因为容易产生抑郁症的其他因素对寿命有负面效果，只要那些因素不改善，光是治疗抑郁也不会真的恢复。容易产生抑郁的因素之一，就是前述的悲剧性思考、完美主义。矫正这样的倾向是第一个课题。但是，还有比这个更重要的事。

那就是与他人的稳定交流，得到家人或朋友的支持，并且拥有稳定的工作。那与有一个可以安心的居所，以及存在价值这两者相关。这两者都能满足之后，才能真的体会到生存的真正价值，也才能带着希望生活下去。

陀思妥耶夫斯基的故事

以《罪与罚》等知名杰作的俄罗斯文豪——陀思妥耶夫斯基，在59岁时去世。59岁，以现代来看应该算是早死吧。确实，同样以俄罗斯文豪齐名的托尔斯泰，得到享年82岁的长寿，但以同一个时代活跃在俄罗斯的屠格涅夫是64岁、果戈理是42岁，稍微往后一点的世代，契诃夫是44岁逝世来看的话，就不算是很短命了吧。相对于托尔斯泰和屠格涅夫是优雅的地主贵族，不需要担心生活且安乐地过日子，陀思妥耶夫斯基则是过着超乎想象的苦难人生，这么想来，他还能活到只差一点就到了耳顺之年，可以说反而令人惊讶吧。

陀思妥耶夫斯基很早就失去了母亲，成长过程中也不曾从性格蛮横异常的父亲身上得到任何爱。他背负着严重的依附障碍，寄望能靠小说来逆转人生，他甚至想不开，觉得如果失败的话也只有跳下勒拿河去死。幸好小说成功了，有幸得到认可，一跃成为新进作家，但是他生来不中用的性格作祟，一些评论家对他失去兴趣，最后还因为被怀疑支持反政府活动而遭判死刑。就在他被执行枪决前，得到皇帝的恩赦改判减刑流放到西伯利亚。但是与此事件相关的其他人当中，有人因为枪决的恐惧而发疯。不用说，陀思妥耶夫斯基也承受了同样强度的压力。

后来在西伯利亚流放4年，过着极为悲惨的监狱生活，出狱之后仍然不被允许回到圣彼得堡，直接在流放地服兵役，不得已又过了4年空虚的日子。在那里他遇见了后来成为他第一任妻子的女性，当时她是别人的妻子也有孩子，而且已经得了肺病。陀思妥耶夫斯基在担任她儿子的家庭教师时，经常在她家出入，两人亲密起来。

然而她要跟随丈夫到远方工作，因此两人秘密的关系暂时告终。后来，她的丈夫去世，有人提出要她再婚，在此不安定状况下，陀思妥耶夫斯基好不容易才得以跟她结婚。然而妻子病弱又多情，他与她的孩子之间也相处不睦，从一开始就是距离幸福很遥远的婚姻。

后来甚至还发生让他更痛苦的事情。他原有的癫痫症恶化，频频剧烈发作。当时的癫痫是不治之症，医生更威胁他，什么时候会窒息死去都不知道。再怎么请愿也得不到回圣彼得堡的许可，这件事火上加油，让看不到前途与希望的状况一直持续着。

虽然被禁止发表作品，但是后来终于解禁了。

被允许回到首都之后，陀思妥耶夫斯基能做的就是写作。当时经营烟草工厂的哥哥，以弟弟的复出为转机改作出版业，开始发行杂志。《被侮辱与被损害的人》和《死屋手记》就是在这本杂志发表的。这两部作品都红了，起步非常顺利，但是后来却留下极大的祸根。

金钱暂时稍微宽裕的陀思妥耶夫斯基来到德国，结果染上玩轮盘赌博的恶习。后来杂志受到禁止发行的处分，虽然最后能够再度开始，但销售量很差且债务不断膨胀。不仅如此，他忘不了染上赌博的亢奋感，妻子都快死了，他还跟通过杂志认识的女大学生一起到国外旅行，过着挥霍的日子。

继妻子之后哥哥也去世，留下了庞大的债务。而且，人太好的陀思妥耶夫斯基一肩扛下了本来可以抛弃的哥哥的债务。但是屋漏偏逢连夜雨，为了一点点钱他与不良出版业者签下不当契约，陷入必须在 1 个月之内完成一本长篇小说，不然往后 9 年发表的作品出版权利都会被夺走的事态。

这时候宛如救世主般出现的人物，就是一位叫作安娜的 20 岁女性。她懂得速记。安娜每天到陀思妥耶夫斯基那里，将陀思妥耶夫斯基口述的故事笔记下来，再回家把文章写出来，以这样的程序反复进行，于是完成了作品《赌徒》。陀思妥耶夫斯基会被安娜吸引也是很正常的，安娜也很尊敬这位大她 25 岁，像孩子般纯真的男人。第二年，两人就结婚了。

在陀思妥耶夫斯基的人生中，唯一幸运的事，可以说就是遇见安娜也不为过吧。如果没有安娜，陀思妥耶夫斯基可能会早死 10 年。应该也不会有《卡拉马佐夫兄弟》这最后的杰作诞生了吧？安娜不只比任何人都尊敬陀思妥耶夫斯基，还擅长实务与管理能力，恰好完美地补足了陀思妥耶夫斯基所欠缺的。

家计生活一直都靠借贷的他，晚年之所以能好转还能存钱，也是因为有安娜的管理。他终于脱离赌博，过着规律勤勉的生活，尽管有癫痫这个旧疾，还能够在体力开始衰竭的40岁后半陆续写出优秀作品，使他越到晚年名声越高，也是因为有安娜的支持，以及跟安娜之间建立了温暖家庭。

塞林格为何可以存活下来

2010年以91岁高龄去世的J.D.塞林格，是以《麦田里的守望者》等作品闻名的作家。他曾在第二次世界大战时长期在前线从军，这件事众所周知。塞林格是被送入欧洲战线，参加过决定战争大势的诺曼底大登陆，在许特根森林战役、突出部战役等，在极为严酷的各种激战中生存下来。他的部队在诺曼底登陆战争时有三分之二的人战死，许特根森林中5个人里就有4个人失去生命。塞林格处于一个随时死掉也都不足为奇的状况下，实际上在突出部战役时，他失去消息，大家甚至以为他已经战死了。

战后他还被分发到保防部队，从事审问纳粹党员或其支持者这种令人阴郁的工作。塞林格非常忠实地完成他的任务。像这样被放在强大压力下的人，可以安享天年到91岁，可以说是非常例外的幸运。许多人即使能免于战死沙场，也会因为创伤后压力症候群而苦，借着饮酒或药物来麻痹神经，结果缩短寿命。

塞林格可以说是在母亲宠溺的爱中长大，但是这个应该也有正面作用吧？在战争中受到的心灵伤害以作品的形式表现出来，比起什么都不说放在心里，应该说是可以让伤害得到某种程度的升华。职业上虽然没能从事稳定的工作，但是在他工作力最旺盛的时候以作家身份获得成功，得到年轻人的大量支持，应该也使他有了成就感。37岁的时候，甚至有人想请他到密西根大学担任教授，虽然塞林格拒绝了。

他在35岁结婚，也有了孩子，这使他暂时稳定下来，也成为他孤独的后半生很大的支持。会这么说，是因为随着年龄增长，除了家人以外，他的心不愿意接受任何人。

塞林格是出了名的讨厌媒体。他在新罕布什尔州乡下的康瓦尔买下一处90英亩（约364 217平方米）的丘陵地，然后过着接近自给自足的生活。就是在康瓦尔与自然的共生，与当地人的交往，治愈了塞林格在战争中受伤的心。

然而，后来他连当地人也都不往来了。

在性格上，塞林格背负着缺陷的一面。他有强烈的完美主义，一切都不愿妥协，特别是工作方面更是如此。46岁的时候发表了最后作品，但是这次以失败告终，他便不再有作品问世。以发表作品的形式与世界的联结也切断了。一般认为，应该是因为比起发表作品的喜悦，他更难以忍受来自评论家的贬抑。

他的作家生涯告终之后，接着发生对他打击很大的事情：他的婚姻生活破裂了。48岁时，他与结缡13年的妻子离婚。婚姻生活在数年之前就已经显示出破裂的征兆。塞林格对妻子并不关心，甚至伤害到妻子的精神健康。塞林格买了邻接的农地，在那里另外盖一间房子，一个人搬过去。他11岁的女儿和7岁的儿子归给妻子抚养，房子与90英亩的土地也都给了妻子。塞林格只留下盖在邻接农地上的房子。

然而把土地、房子都给了妻子的结果，却将塞林格从最糟糕的状态中拯救出来。妻子与两个孩子仍继续住在那里，因此塞林格便可以作为邻居，与孩子也能每天见面。

塞林格夫妻离婚后，跟孩子的相处没有什么改变。而塞林格也常带着孩子去纽约，有时候还会去国外旅行。

而且在女性关系上，也相当活泼。53 岁时，与 18 岁的大学生通过短时间的书信来往，发展成同居关系。不到 1 年，两人关系也落幕，但是很享受与塞林格短暂约会的女性似乎不少。只是，当女性要求一般爱情时，就会因为彼此想法不一致而结束。结果都没能发展成稳定持续的关系。一而再地分手，肯定又增强了他的孤独与对人的不信任。

孩子长大后到远方的大学去读书时，塞林格的孤独与讨厌人的怪僻就更没有救了。他开始过着好几个月几乎不跟任何人说话的生活。某一次，他曾经为了与在牛津大学研究所的女儿见面而到伦敦，想突然跑去给女儿一个惊喜的想法却造成反效果，女儿到其他地方去旅行了。无法与女儿取得联络的塞林格，虽然想跟在伦敦的朋友联络，最后却没有跟任何人联络。他握着电话筒，无法拨电话。他太久没有跟人对话，一直在想该怎么说话才好，最后不知所措地呆在那里。

年轻时的塞林格可以很自然地开心聊天，所以并不是欠缺会话能力，而是因为过着太过离群索居的生活。好不容易与返回伦敦的女儿吃了一次午餐，但是女儿却看出了父亲的变化。塞林格看着女儿的眼睛也觉得看起来像旁人一样的不可靠。

塞林格没有早死，可以说真是奇迹。但是这并不是没有理由。他喜欢勤勉规律的生活，过着禁欲的生活，甚至也禁止与妻子有性生活。年轻时虽然也有喝酒玩乐，但是30岁以后谨慎程度增加了，吃得很少，也不抽烟喝酒。他为瑜伽大师拉马克里斯纳的教诲倾倒，遵守禁欲的生活。

他因此被妻子放弃，虽苦于欲求不满，但是他仍以遵守自己的步调为优先。妻子在孩子离家后已经失去住在康瓦尔的意义，也没必要再跟已离婚的前夫当邻居。塞林格60岁时，她让前夫买下她的房子，把土地还给塞林格，搬到更温暖的加州去了。当时才只有45岁的前妻拿到了心理学学位，开业当心理咨商师，很出色地独立生活。

60岁之后只剩下自己一个人的塞林格，或许本来应该过着孤独不便的晚年。但是后来得以防止这样的情况发生，是因为有了一位一直照顾他到最后的女性。在塞林格73岁时，他第三度结婚。对象是比他小40岁的女性护理师，她陪着塞林格18年，直到他逝世为止。

陀思妥耶夫斯基与塞林格都从强大的压力下存活下来，背负着心理创伤，以及会妨碍他们适应社会各种性格上的困难。顽固又不知变通，警戒心强，是两人相似之处。背负着不稳定的依附，又有完美主义，经常陷入悲剧性思考。两人年轻时都很莽撞、没有计划性、冲动、还发生过很多攸关性命的失败。这些都是他们即使早死也不足为奇之处。

然而，幸好他们都通过这些试炼活了下来。对两人来说，书写恐怕就是他们把自己从这些心灵创伤的体验中，解放出来的自我疗愈行为。因此他们不得不继续写，也都成为成功的作家。

两人在年轻时都属于怠惰的人，但是随着年龄的增长变得勤勉得惊人，得到名声之后也没有改变。卓别林的情况也一样，他们最有生产力的日子，虽然不一定就是跟良好伴侣一起生活的时候，但是他们最幸福的时期，身边都有伴侣支持着。

陀思妥耶夫斯基让人觉得特别幸福的，是他最幸福的时期也是他生产力最强的时期，而这样的高产能又持续到晚年。与一直无法挥去对人的不信任感，过着与世隔绝的生活，人生也关起门的塞林格，对照之下，陀思妥耶夫斯基找回相信人的心，才能在前半生不曾得到的爱的包围之下，迎向人生的终点。

结　语

有希望的真相

我是一个精神科医师，长年致力于支持背负人格障碍或发展障碍这种生存痛苦的人。近年来屡屡注意到与这些相关的因素，就是依附问题，深切感受到依附障碍或不稳定的依附与各种精神问题深深相关，并且若要恢复，就不可不修复依附关系。为了找回心理的稳定与健康，发现比治疗一个人的“病”或“障碍”更重要的，是掌握使依附稳定下来的关键，并在这一点上着力支持。

而这样的我，为什么会把寿命或长寿这个主题拿出来写成这本书呢？我相信已经读完本书的你，应该可以充分理解。寿命感觉上似乎是身体上的问题，但其实与依附的稳定性或人格特质并不是毫无关系，应该说，在漫长人生的“总决算”里，一个人的生存方式偏向哪里，都会毫无遮蔽地表现出来。不只是显现在能否过着幸福人生的主观问题上，还会在“寿命”这个极为客观冷酷的指标上产生很大的差异。

实际上，比起广为流传的健康法或药物，这些更能左右我们的健康与寿命。努力实行经医生推荐在医学上有效的东西，却使支撑生活基础的心理社会因素动摇，是不可能到了老年还能保持健康，也不可能享有长寿的。

由特曼开启的这项长达80年的研究让我们了解的是，光检视一个人的健康状况不足以理解“长寿”这件事，更不要说会对充实的人生有什么帮助。还有其他不逊于身体状况的因素能决定人们的寿命。这些因素，并不是身体的、医学的因素，而是心理社会上的。一个人将来的健康，不只是他身体的健康状态而已，也是他的成长经历或教育经历，与家人之间的关系或婚姻状态，工作的态度或成就感，与社会的联结，对友情、事物的看法或价值观。

其中的重要发现之一，就是与父母或配偶之间是否有稳定的关系，甚至会给一个人的寿命带来很大的影响。人与人之间的牵绊，并不是单纯心理上的慰藉，它不逊于营养或运动，是支持着一个人的生存，让他保住生命不可或缺的要素。

另一个惊人的发现就是，即使有压力，努力工作，做个有用的人，是对寿命有帮助的事。没有野心、悠闲、无忧无虑的生活并不会使你长寿，反而是经常保有上进心且努力不懈怠地达到成功或目标，才能到老年还健康的活跃，长保朝气。

近年来，有一股风潮喜欢贬抑认真努力或勤勉这回事。因此我想要让更多人知道这个研究的结果，是因为，让大家再次认识到只要认真地生活，你的努力就会有充分的回报，是一件有意义的事。我相信这个结论是一个有希望的真相。